N° S 1810

DÉPÔT L

GOUVERNEMENT GÉNÉRAL DE L'ALGÉRIE

ADMINISTRATION DES FORÊTS

CONSERVATION D'ALGER

ÉTUDE

sur

LES PLANTATIONS

par

J. BERT

INSPECTEUR DES FORÊTS

ALGER

IMPRIMERIE DE L'ASSOCIATION OUVRIÈRE P. FONTANA ET Cⁱᵉ

1886

ÉTUDE

SUR

LES PLANTATIONS

GOUVERNEMENT GÉNERAL DE L'ALGÉRIE

ADMINISTRATION DES FORÊTS

CONSERVATION D'ALGER

ÉTUDE

SUR

LES PLANTATIONS

PAR

M. BERT

INSPECTEUR DES FORÊTS,

CHEF DU SERVICE EXTRAORDINAIRE A ALGER

ALGER

IMPRIMERIE DE L'ASSOCIATION OUVRIÈRE, P. FONTANA ET Cⁱᵉ

1886

ÉTUDE

SUR

LES PLANTATIONS

CHAPITRE PREMIER

PRINCIPAUX PHÉNOMÈNES DE LA VÉGÉTATION

CARACTÈRES GÉNÉRAUX DES PLANTES. – Une plante est un assemblage de cellules dont chacune comprend un noyau, du protoplasma et une enveloppe membraneuse. Cette membranée, composée de cellulose, est très résistante et elle limite à l'intérieur de la cellule les mouvements du protoplasma. Il en résulte que les végétaux ne sont pas doués de mouvements généraux ; ils ne se déplacent pas[1].

Le protoplasma est un mélange d'eau, de matières albuminoïdes et de sels minéraux solubles. On peut lui enlever une partie de son eau de constitution sans le

____

[1] De Lanessan. *Introduction à la botanique,* p. 160.

tuer ; la vie est seulement suspendue et il suffit, pour la voir reparaître, de restituer l'eau enlevée. C'est pour ce motif que les graines se conservent d'autant plus long-temps sans germer qu'elles ont été plus soigneusement desséchées [1].

Tout assemblage de cellules végétales se compose, en général, d'organes souterrains, qui sont les racines, et d'organes aériens : tige, rameaux, feuilles, fleurs et fruits. Le mot fruit est employé, dans le sens vulgaire, pour désigner toutes les parties de la fleur qui, à la suite de la fécondation, subissent un changement remarquable et qui se séparent de la plante mère comme un tout complet [2].

Les fruits renferment les graines qui servent à perpé-tuer les espèces. La graine comprend, à côté de maté-riaux nutritifs, un embryon composé d'une radicule, d'une tigelle et de feuilles rudimentaires, qui sont les cotylédons.

Les végétaux présentent à l'aisselle d'un certain nom-bre de leurs feuilles des bourgeons qui, en se développ-ant, donnent naissance à des rameaux. Ces bourgeons peuvent être séparés de la plante à laquelle ils appar-tiennent et la reproduire. Outre ces bourgeons à feuilles, les plantes possèdent des bourgeons floraux ; l'axe qui résulte de leur développement et qui porte la fleur ne produit pas de nouveaux bourgeons et sa végétation est arrêtée, tandis que celle des rameaux feuillus peut se prolonger indéfiniment.

Il n'y a en réalité que quatre parties distinctes dans les plantes supérieures : la tige, les feuilles, les racines et les poils. Les autres en dérivent par suite de modifi-cations ; c'est ainsi que les fleurs se composent de feuilles métamorphosées.

Les fleurs sont mâles, femelles ou hermaphrodites ; selon leur disposition sur les végétaux, ceux-ci sont monoïques, dioïques ou polygames.

Les racines servent à fixer la plante au sol et à la nourrir ; elles sont pivotantes ou traçantes, chez les arbres.

---

[1] De Lanessan. *Introduction à la botanique*, p. 162.
[2] J. Sachs. *Traité de botanique*, p. 563.

Les feuilles et les parties vertes des rameaux sont des organes de nutrition.

La tige réunit les feuilles aux racines. Elle supporte les feuilles et les organes de reproduction et sert à distribuer dans toutes les parties des végétaux les aliments élaborés par les organes de nutrition.

Les racines, qui se dirigent vers le centre de la terre, sont douées de géotropisme positif; les tiges, au contraire, sont négativement géotropiques.

MOUVEMENT DE L'EAU DANS LES VÉGÉTAUX. — Les corps organisés sont composés de matière solide et d'eau interposée [1]. La proportion de cette eau de constitution ne peut dépasser certaines limites, inférieure et supérieure, sans entraîner la destruction totale ou partielle de l'organisation des plantes.

Dans certaines circonstances, lorsque la température dépasse 50° à 60° ou sous l'influence de la gelée, le changement de volume de l'eau de constitution entraîne des modifications permanentes qui déterminent la mort des corps organisés.

La nutrition et l'accroissement de ces corps s'effectuent par voie d'intussusception ; il en résulte une variation continue de l'équilibre moléculaire, variation qui est accompagnée de modifications chimiques internes.

Tout accroissement exige une augmentation d'eau de constitution ; en outre, une certaine quantité d'eau est décomposée par les organes d'assimilation (les feuilles) pour fournir l'hydrogène qui entre dans la composition de la cellulose, de l'amidon, des sucres....; enfin, l'eau est nécessaire pour dissoudre les composés assimilés mis en réserve dans la plante. L'eau mise en mouvement sous l'influence de ces diverses actions se déplace avec lenteur.

Un autre mouvement qui se produit lorsque les cavités cellulaires du corps ligneux renferment de l'air, est celui qui résulte de la dilatation ou de la contraction de ces bulles d'air.

En outre, les racines sont douées d'une force d'injec-

---

(1) Sachs. *Traité de botanique,* p. 766.

tion équivalente à une pression extérieure, très manifeste dans la vigne avant le développement des feuilles, permanentes dans les agaves, les lianes, les palmiers [1].

Mais un déplacement d'eau beaucoup plus important et qui donne lieu à une consommation considérable de liquide est dû à la transpiration.

Le volume d'eau transpirée dépend de la surface et de la nature des feuilles, de la température et de l'état hygrométrique de l'atmosphère et enfin de la lumière agissant par elle-même physiquement, ou par la chaleur qui l'accompagne, ou par les réactions chimiques auxquelles elle donne naissance.

Cette fonction est en relation directe avec la surface d'absorption des racines. Elle s'exerce à la lumière diffuse, mais avec moins d'intensité que sous l'influence de la lumière directe.

L'eau transpirée suit, dans la tige, la partie ligneuse des faisceaux vasculaires, puis elle arrive aux feuilles et elle s'évapore par les deux côtés du limbe, mais inégalement : le rapport de l'évaporation de la face supérieure à celle de la face inférieure est de $\frac{1}{4,3}$ au soleil et $\frac{1}{2,4}$ à l'ombre [2].

La transpiration est proportionnelle à l'étendue de la surface foliacée et dépend, en outre, de la nature des feuilles. Les cactus, les agaves, les fourcroyas renferment dans le parenchyme de leurs feuilles une réserve d'eau considérable protégée par une cuticule peu perméable ; ces plantes transpirent très peu et supportent parfaitement la sécheresse.

La transpiration est d'autant plus active que les feuilles sont plus jeunes [3]. Il en résulte que les arbres toujours verts évaporent moins d'eau que les arbres à feuilles caduques, ce qui leur permet de végéter dans des sols très secs.

La transpiration subit l'influence des différences météorologiques entre le jour et la nuit [4]. Sous l'action

---

[1] Boussingault. *Agronomie, chimie agricole et physiologie*, t. VI, p. 387.
[2]   Id.   p. 364.
[3] Dehérain. *Chimie agricole*, p. 177.
[4] Sachs. *Botanique*, p. 780.

des températures élevées de l'été les feuilles des plantes
se flétrissent au milieu de la journée ; elles perdent dans
ce cas une partie de leur eau de constitution et en em-
pruntent en outre à la tige.

Pendant la nuit, l'évaporation s'arrêtant par suite de
l'abaissement de température, elles accumulent dans
leur parenchyme l'eau qu'elles reçoivent du sol. Cette
eau est évaporée le lendemain et le même phénomène
se reproduit aussi longtemps que la température élevée
se maintient, parce que l'eau transpirée n'est pas immédiatement et d'une façon continue remplacée par celle
qui est puisée dans le sol par les racines.

La transpiration est d'autant plus active que la surface
d'absorption des racines est plus considérable. Cette activité est, en outre, en relation avec la profondeur à
laquelle les racines pénètrent dans le sol. Les arbres à
racines uniquement traçantes conviennent moins pour
les terrains secs que les arbres à racines pivotantes
qui puisent l'eau renfermée dans les couches inférieures
du sol.

D'après des expériences de M. Lawes[1], le rapport de
l'eau évaporée au poids de l'arbre est égal à 3 pour le
chêne vert, à 15 pour le chêne rouvre et à 203 pour le
frêne, pendant la durée d'une année.

En remplaçant le chêne rouvre par le zéen, on voit
que ces rapports correspondent aux stations des trois
essences en Algérie. Le frêne croît dans les ravins et
dans les sols humides et profonds, le zéen dans les
terres argilo-sableuses et le chêne vert sur les coteaux
arides.

Le frêne ne forme que quelques massifs peu importants ; il est habituellement disséminé dans les forêts
par suite de ses exigences, mais les deux autres essences
se rencontrent fréquemment en massif. En adoptant
pour poids du matériel sur un hectare 70,000 kilog. pour
le chêne vert et 100,000 kilog. pour le zéen, on arrive à
ce résultat que l'eau évaporée pendant un an par un
hectare de chêne vert ou de zéen est de 210,000 kilog.
ou 1,500,000 kilog.

L'eau utilisée dans la végétation provient du sol où

---

(1) Déhérain. *Chimie agricole*, p. 172.

elle est puisée par les racines. Toutefois, lorsque l'évaporation est très active et que les feuilles commencent à se dessécher par suite de la perte d'une partie de leur eau de constitution, elles deviennent aptes à absorber directement de l'eau. Après une longue sécheresse, les eaux météoriques (pluie, brouillard, rosée) pénètrent dans l'intérieur des feuilles qui peuvent même introduire dans l'organisme des végétaux les sels tenus en suspension dans l'atmosphère et dissous par ces eaux. En un mot, les feuilles remplacent les racines en ce qui concerne la nutrition lorsque celles-ci cessent de fonctionner [1].

NUTRITION, ACCROISSEMENT ET RESPIRATION. — Le carbone des végétaux provient de l'acide carbonique contenu dans l'atmosphère et produit par les oxydations de toute nature qui ont lieu à la surface du sol.

On sait que, sous l'influence de la lumière, les parties vertes des plantes réduisent l'acide carbonique, fixent le carbone et mettent l'oxygène en liberté. Cette décomposition, qui a lieu même à la lumière diffuse quoiqu'avec moins d'intensité, est surtout opérée par la partie supérieure du limbe. Le rapport moyen des quantités d'acide carbonique décomposé pendant le même temps par les deux faces des feuilles est de $\frac{51}{22}$ au soleil et $\frac{4}{3}$ à l'ombre [2].

Dans cette réduction, la lumière effectue, pour séparer les éléments de l'acide carbonique, un travail mécanique qui peut se représenter à peu près par le travail correspondant à la chaleur dégagée dans la combustion des végétaux [3].

On peut fixer à 2,000 kilogrammes par hectare et par an la production du sol en bois entièrement desséché et admettre que la combustion d'un kilogramme de bois produise 4,000 calories. D'un autre côté, la période d'action de la lumière est en moyenne de 8 mois ou, en tenant compte des heures de nuit, de 3,000 heures environ.

---

(1) Boussingault. *Agronomie*, t. VI, p. 373.
(2)   Id.   t. IV. p. 397.
(3) Sachs. *Botanique*, p 866.

La production est donc de $\frac{2}{3}$ de kilogramme de bois sec par heure et cette quantité de bois peut fournir 2,667 calories par la combustion. Le nombre de calories correspondant à la production pendant une seconde de temps est donc de 0 calorie 741; multipliant par 424, équivalent mécanique de la chaleur, on obtient 314 kilogrammètres ou 4,2 chevaux-vapeur.

L'oxygène est absorbé directement dans l'atmosphère par les plantes et il est introduit, en outre, sous forme d'acide carbonique, d'eau et de dissolutions salines.

L'hydrogène paraît provenir de la décomposition de l'eau par les cellules vertes des végétaux.

L'azote est produit par les sels ammoniacaux et les azotates absorbés par les plantes, l'azote libre atmosphérique n'étant pas utilisé. Il faut donc, dans les cultures, ajouter au sol des engrais azotés en d'autant plus grande quantité que les graines sont plus petites [1].

Le soufre provient des sulfates.

Le fer, nécessaire à la formation de la chlorophylle, peut être absorbé à l'état de chlorure ou de sulfate.

Le silicium pénètre sous forme d'acide silicique qui se dépose sur les membranes cellulaires.

Enfin, les autres éléments sont introduits sous forme de phosphates, sulfates, azotates ou chlorures.

En résumé, les éléments nutritifs les plus importants sont puisés dans l'atmosphère, soit directement, soit par l'intermédiaire du sol.

La nutrition s'effectue surtout sous l'influence de la lumière. Au moyen des substances nutritives élaborées par les feuilles l'accroissement se produit. Les deux phénomènes de nutrition et d'accroissement peuvent donc coïncider dans l'espace et dans le temps, mais en général ils sont séparés [2].

Les conditions de l'accroissement sont: 1° des éléments assimilés; 2° de l'eau; 3° l'oxygène de l'air; 4° une température convenable [3]. En outre la lumière et la pesanteur interviennent, la lumière pour retarder le plus sou-

---

(1) Boussingault. *Agronomie*, t. I, p. 149.
(2) Sachs. *Botanique*, p. 909.
(3)　　　Id.　　　p. 910.

vent l'accroissement et donner lieu à l'héliotropisme positif et parfois négatif, la pesanteur pour régler la direction centrifuge on centripète (géotropisme négatif ou positif). Enfin, il y a lieu de tenir compte de la pression des tissus. Ainsi, en fendant verticalement l'écorce de la tige d'un jeune arbre, on supprime la pression le long de cette ligne et le corps ligneux s'épaissit rapidement suivant cette direction ; l'ascension de l'eau vers les feuilles étant rendue plus énergique, il en résulte une augmentation d'intensité du développement des bourgeons et de la formation de nouveaux organes d'assimilation [1].

La respiration, ou absorption d'oxygène, est indispensable pour les transformations chimiques qui se rattachent à l'accroissement des plantes. Elle est nécessaire à l'existence même des végétaux [2], car les feuilles sont asphyxiées quand elles sont maintenues pendant un certain temps dans de l'acide carbonique et soustraites à l'action de la lumière. Cette consommation d'oxygène, qui est accompagnée d'un dégagement de chaleur, est beaucoup moins considérable que la production du même gaz résultant de la réduction de l'acide carbonique par les cellules vertes à la lumière. Il en résulte que la respiration est masquée pendant le jour par l'acte de nutrition. Mais elle est considérable dans les graines à germination rapide et dans les bourgeons en voie de développement. La combustion est si active dans ce cas qu'il est nécessaire que de nouveaux produits d'assimilation viennent remplacer la réserve nutritive. Il faut donc non seulement que les graines semées soient en contact avec l'air, mais encore elles doivent être mises en terre à une profondeur telle que la réserve nutritive soit suffisante pour permettre à la plantule de se développer assez pour arriver à la lumière. Les graines doivent donc être d'autant moins recouvertes de terre qu'elles sont plus légères.

---

[1] Sachs. *Botanique*, p. 961.
[2] Boussingault. *Agronomie*, t. III, p. 329.

CHAPITRE II

CLIMATS.

***

ZONES DE VÉGÉTATION. — L'ensemble des valeurs moyennes et des états de tous les éléments météorologiques est ce qu'on nomme le climat d'un lieu [1]. Les plus importants de ces éléments, en ce qui concerne la végétation, sont la température de l'atmosphère, la quantité de la précipitation aqueuse, l'intensité de la lumière, le degré hygrométrique de l'air, la force et la direction des vents.

La réunion des éléments s'appliquant à une région étendue constitue le climat général de cette région. Mais l'altitude, l'exposition, les propriétés chimiques et physiques ainsi que le relief du sol, enfin la distance des mers donnent lieu à des modifications nombreuses qui produisent les climats locaux.

Ces climats locaux sont susceptibles d'être modifiés par l'intervention de l'homme en ce qui concerne leur influence sur le sol ; ils peuvent donc être naturels ou artificiels. Le sol et l'atmosphère étant en dépendance immédiate et les climats ayant surtout de l'importance par leur action à la surface de la terre, on peut considérer tout changement dans le mode de cette action comme une transformation du climat lui-même.

Ainsi, sous le climat de Paris, l'établissement d'un mur, pour appuyer des espaliers, a pour effet de transporter ces arbres à plusieurs degrés de latitude au sud. La présence sur le sol de blocs de roche de teinte foncée élève la température de ce terrain. Le drainage et l'irrigation modifient également les climats, ou plutôt leur action sur les terres en contact avec l'atmosphère. Ainsi encore, au moyen de rideaux d'abri, on protège les cultures contre les effets pernicieux du siroco ou des vents de mer.

***

(1) Mohn. *Météorologie,* p. 3.

Si on désigne sous le nom de région nord de la province d'Alger l'ensemble des bassins des cours d'eau qui se rendent dans la Méditerranée, le bassin du Chélif étant limité à Boghari, on peut diviser cette région nord en trois zones de végétation, soumises à des influences climatologiques différentes [1].

ZONES	ALTITUDE	VÉGÉTATION	TEMPÉRATURE MOYENNE		
			de L'ANNÉE	de L'ÉTÉ	de L'HIVER
1re ZONE	de 0 à 600m	Aurantiacées. Grenadier. Eucalyptus. Acacias. Caroubier. Olivier. Pin pinier. Chêne liège. Micocoulier. Thuya. Pin d'Alep. Vigne.	18°.3	26°.1	11°.9
2e ZONE.	de 600 à 1,200m	Chêne liège. Micocoulier. Thuya. Chêne vert. Zéen. Pin d'Alep. Afarez. Vigne.	15°.4	25°.»	7°.5
3e ZONE.	1,200m et au delà	Zéen. Pin d'Alep. Afarez. Cèdre.	11°.1	20°.3	3°.5

[1] Pour le climat de la région sud, voir le chapitre XI. Les températures des deux premières zones proviennent de la *Statistique générale de l'Algérie* pour les années 1879 à 1881 et 1882 à 1884.

Température. — La température de l'atmosphère ëst un des éléments les plus importants des climats. Il est indispensable qu'elle ne varie qu'entre des limites très rapprochées, car la vie ne se maintient que sur un intervalle de 100° au plus, tandis que les températures partent de — 273° (zéro absolu) et s'étendent au-delà de toute limite assignable[1].

La stabilité de cet élément météorologique est assurée par la constance de la radiation solaire. Aussi, la température moyenne annuelle à Paris (10°,7) ne paraît pas avoir varié depuis plus d'un siècle, ainsi que le constate le tableau suivant renfermant les évaluations thermométriques de l'Observatoire[2].

MOIS	1734-40	1806-20	1821-50	1851-72	1873-81
Janvier..............	3°.7	2°.1	1°.9	3°.»	2°.5
Février..............	4°.5	4°.8	4°.1	4°.3	4°.4
Mars..............	6°.3	6°.3	6°.6	6°.4	7°.4
Avril..............	8°.9	9°.6	10°.1	10°.7	10°.2
Mai..............	13°.9	14°.8	14°.2	13°.7	12°.8
Juin..............	17°.7	16°.5	17°.5	17°.»	17°.2
Juillet..............	19°.4	18°.5	18°.9	19°.2	19°.2
Août..............	18°.5	18°.»	18°.7	18°.5	18°.8
Septembre..............	16°.7	15°.4	15°.8	15°.7	15°.5
Octobre..............	11°.0	11°.1	11°.4	11°.3	10°.7
Novembre..............	4°.3	6°.4	7°.»	5°.9	6°.5
Décembre..............	3°.9	3°.4	3°.8	3°.4	2°.7
Année..............	10°.7	10°.6	10°.8	10°.8	10°.7

Cette constance de la température paraît être un fait général, car certains végétaux fournissent des indica-

---

[1] Faye. *Sur l'origine du monde*, p. 208.
[2] *Annuaire de Montsouris* pour 1884, p. 142.

tions aussi sûres que les mesures directes et l'on sait que, dans l'ancien monde, la station de la vigne, de l'olivier et du dattier ne s'est pas déplacée depuis le commencement des temps historiques[1].

Les phénomènes de la végétation paraissent s'exercer entre 0° et 50°, mais avec des limites différentes pour chaque fonction[2]. En outre, à chaque fonction correspond une température plus favorable que les températures voisines[3].

L'accroissement de l'embryon, aux dépens des matériaux de réserve, commence probablement à se produire à la température de 10° pour les essences forestières et il paraît en être de même pour la végétation de ces essences. Toutefois, les aiguilles du pin Laricio décomposant l'acide carbonique de l'atmosphère à une température de 0°,5 à 2°,5[4], on doit en conclure que les arbres toujours verts continuent à se développer pendant l'hiver, même dans la troisième zone, car la chaleur solaire atteint toujours quelques degrés au-dessus du zéro thermométrique.

Quant à la limite supérieure, elle paraît être au plus égale à 50°; pour la germination, le maximum observé est de 46°,2[5].

Enfin la température optima paraît être de 27° en moyenne. En deça de la limite inférieure, les graines ne germent pas ; au delà, elles pourrissent très rapidement.

L'accroissement est influencé par la température de même que la germination. Il est d'autant plus actif que le degré thermométrique est plus élevé, mais le maximum de vitesse correspond à une certaine température qui ne peut être dépassée sans qu'il y ait ralentissement dans la végétation.

La température varie avec la latitude; les variations sont données, pour les climats européens, par la formule

---

(1) Faye. *Sur l'origine du monde*, p. 208.— De Gasparin. *Cours d'agriculture* t. II, p. 334.

(2) Sachs. *Botanique*, p. 853.

(3)   Id.   p. 855.

(4) Boussingault. *Agronomie*, t. V, p. 17.

(5) Sachs. *Botanique*, p. 981.

suivante dans laquelle T est évaluée en degrés Farenheit [1] :

$$T = 86, 3 \cos l — 5,5.$$

D'un autre côté, si l'on désigne par 100 la quantité de chaleur reçue, en un jour d'équinoxe, par un lieu situé à l'équateur, le tableau suivant indique la chaleur moyenne que reçoivent chaque jour les différentes zones du globe terrestre [2].

	LATITUDES				
Équateur...	20°	40°	50°	60°	Pôle.
92	86	72	63	51	37

La température diminue avec l'altitude ; le décroissement pour 1,000 mètres, D, peut être représenté de 1,000 à 1,500^m par la formule $D = \dfrac{t-52}{11}$ et de 1,500 à 2,500^m par la formule $D = \dfrac{t-52}{11} \times \dfrac{10}{11}$, t étant la température de la station inférieure [3].

On peut aussi calculer le décroissement en se basant sur les observations faites dans les Alpes où l'élévation correspondant à une différence de 1° est de 171 mètres en été et de 200 mètres en automne, soit 185 mètres en moyenne [4].

La température est, en outre, modifiée par la distance de la mer, l'intensité et la direction des vents régnant habituellement, le relief du terrain, la constitution minéralogique du sol et la nature de la végétation qui le recouvre. Le nombre de degrés indiqué par le thermomètre fait connaître la température de l'atmosphère, mais il faut tenir compte de la chaleur solaire reçue directement par le sol et par les végétaux. Cette chaleur solaire excède la température de l'air d'une quantité que l'on peut évaluer à 6° ou 8° pour la région Nord. L'échauffement du sol, sous cette influence, est propor-

---

(1) De Gasparin. *Agriculture,* t. II, p. 75.
(2) Radau. *La lumière et les climats,* p. 56.
(3) De Gasparin. *Agriculture,* t. II, p. 88.
(4) Radau. *Observatoires de montagne,* p. 67.

2

tionnellement plus considérable sur les montagnes que dans les plaines, parce que la couche atmosphérique, étant moins épaisse, absorbe une plus faible fraction de la chaleur solaire. Il en résulte que sur le sommet des montagnes, à 2,000 mètres, la température du sol est égale au maximum de celle de l'air [1].

La température des couches superficielles du sol varie beaucoup moins que celle de l'atmosphère; aussi, même lorsque la végétation des tiges est suspendue, l'activité des racines des plantes, surtout chez les arbres, continue à persister et ces organes souterrains absorbent des matériaux nutritifs qui seront plus tard élaborés par les organes aériens [2].

Il résulte de ce qui précède que, dans la première zone, les semis en pépinière peuvent se faire à la fin du mois de novembre. La température du mois de décembre est suffisante pour le commencement de la germination et les jeunes plantes n'ont pas de gelées à redouter pendant le mois de janvier. Dans les autres zones, les gelées printanières sont à craindre, de sorte qu'il est préférable d'ensemenser les pépinières en février dans la deuxième zone et en mars dans la troisième.

Le tableau suivant fait connaître, selon M. de Gasparin, l'époque météorologique du développement de quelques végétaux [3]; ces renseignements concernent l'Europe occidentale, mais ils paraissent applicables à la région nord du département d'Alger.

FOLIAISON.

	Temp. moyenne du jour.		Temp. moyenne du jour.
Chèvrefeuille.......	2°.»	Mûrier avec bourgeons, noyer.....	9°.8
Groseiller épineux..	5°.»	Pousse de la luzerne.	10°.»
Groseiller ordinaire.	6°.»	Mûrier avec feuilles.	12°.7
Pommier, cerisier..	8°.»	Robinier	13°.5
Figuier	8°.»		
Pousse de la vigne.	9°.5		

(1) Martins, dans : de Gasparin, *Agriculture*, t. II, p. 85.
(2) Boussingault. *Agronomie*, t. III, p. 35.
(3) De Gasparin. *Agriculture*, t. II, p. 100.

FLORAISON.

Cyprès...............	3°.»	Fèves...............	11°.5
Peuplier blanc.......	4°.»	Robinier...........	14°.»
Chèvrefeuille........	5°.»	Avoine.............	16°.»
Pêcher..............	5°.4	Froment, orge......	16°.3
Amandier, abricotier	6°.»	Chataignier........	17°.5
Poirier.............	7°.»	Vigne, 1re fleur.....	16°.6
Ormeau, pommier...	7°.5	— pleine fleur...	18°.2
Cerisier............	8°.»	— passé fleur...	19°.»
Fraisier............	9°.5	Olivier.............	19°.»

MATURATION. — CHALEUR CROISSANTE.

Orme...............	12°.»	Abricotier, prunier,	
Pois verts..........	14°.2	orge, avoine......	18°.»
Cerisiers précoces..	16°.»	Pêcher, blé.........	20°.»
Fraisier, cerisier...	17°.8	Figuier............	21°.»
		Vigne.............	22°.5

MATURATION. — CHALEUR DÉCROISSANTE.

Grenadier..........	15°.»	Olivier.............	10°.»

Chaque espèce végétale exige, pour son développement, une certaine quantité de calorique ; la durée de sa végétation est donc d'autant plus courte que la température moyenne est plus élevée. Toutefois, lorsqu'un climat permet d'obtenir le nombre de degrés thermométriques nécessaire à la végétation d'une espèce déterminée, cette condition n'est pas suffisante pour que cette espèce puisse être naturalisée ; il faut, en outre, tenir compte des extrêmes de chaleur et de froid.

Ainsi, les végétaux originaires des régions intertropicales ne supportent qu'une température peu inférieure au zéro du thermomètre. D'un autre côté, il est nécessaire que les plantes reçoivent la chaleur exigée par la maturation et cette chaleur ne peut dépasser un certain maximum variable selon les espèces.

La vigne ne fournit de produits acceptables que si la

période de formation des grains est suivie de quarante jours à température moyenne de 19° au moins [1].

Le dattier exige les conditions suivantes, comme limite inférieure : moyenne de l'année 20°, 3, de l'hiver 13°, 2, de l'été 28° 3, du mois le plus chaud, 30° [2].

Le thé ne supporte ni la gelée ni la sécheresse ; les conditions qui lui sont favorables sont l'inverse de celles qui conviennent à la vigne [3].

La température moyenne la meilleure pour la culture du caféier est celle de 24 à 26°. La limite inférieure est de 22°. Cette même limite est de 23° pour la canne à sucre et de 24° pour le cacaoyer.

Les cinchonas croissent aux altitudes de 600 à 2,000 mètres, avec une température moyenne de 25 à 19° [4].

Le tableau suivant renferme des renseignements sur les températures de divers points de la terre [5] ; ces indications peuvent être utiles afin de se rendre compte de la possibilité de naturaliser les espèces végétales de ces régions.

[1] Boussingault. *Agronomie*, t. III, p. 25.
[2] A. De Candolle. *Géographie botanique*, t. I, p. 346.
[3] A. De Candolle. *Origine des plantes cultivées*, p. 95.
[4] Boussingault. *Agronomie*, t. III, p. 20.
[5] Lindley. *Théorie de l'horticulture*, p. 115.

LOCALITÉS	LATITUDE	LONGITUDE	TEMPÉRATURE MOYENNE des mois		AUTORITÉS
			les plus chauds	les plus froids	
Edimbourg...	55° 57' N	5° 31' O	15° 2	3° 6	Humboldt.
Genève..............	46 12 N	3 49 E	19 1	1 2	Id.
Vienne..............	48 13 N	14 02 E	21 4	—3 »	Id.
Paris...............	48 51 N	»	18 5	2 3	Id.
Londres.............	51 31 N	2 26 O	18 »	3 2	Id.
Philadelphie........	39 57 N	77 30 O	25 »	0 4	Id.
New-York...........	40 43 N	76 20 O	27 1	—3 1	Id.
Pékin..............	39 54 N	116 27 E	29 1	—3 7	Id.
Milan.............	45 28 N	6 51 E	23 7	2 3	Id.
Bordeaux..........	44 50 N	2 55 O	22 8	5 »	Id.
Marseille...........	43 18 N	3 03 E	23 7	6 9	Id.
Rome..............	41 54 N	10 07 E	25 »	5 7	Id.
Funchal............	32 37 N	19 16 O	24 2	17 8	Id.
Alger..............	36 47 N	0 44 E	26 3	12 2	*Stat. gén. de l'Algérie.*
Le Caire...........	30 02 N	28 55 E	29 9	13 4	Humboldt.
La Vera-Cruz.......	19 12 N	98 29 O	27 7	21 6	Id.
La Havane.........	23 09 N	84 43 O	28 8	19 4	Id.
Cumana............	10 27 N	67 35 O	29 1	26 2	id.
Canton............	23 08 N	110 57 E	29 2	13 9	*Anglo chinese calendar*
Macao.............	22 40 N	111 12 E	30 »	17 5	Id.
Iles Canaries.......	27 45 N	20 30 O	26 1	17 6	*Brand'es Journal.*
Lohooghat (1,904 m.).	29 23 N	77 36 E	20 7	6 4	*Tr. med. phys. soc. cal.*
Fattehpur...........	25 56 N	78 45 E	23 8	14 8	*Gleanings in science.*
Gurrah-Warrah......	23 40 N	77 34 E	30 8	15 7	Id.
Calcutta	22 33 N	86 » E	30 5	21 2	Id.
Ava	21 47 N	93 38 E	31 2	17 8	Id.
Bareilly............	28 23 N	77 03 E	32 7	13 6	Id.
Chunar	25 09 N	80 34 E	32 2	14 4	Id.
Cap-de-Bonne-Espérance............	33 56 S	16 09 E	23 5	14 1	Herschel.
Bahama	26 30 N	80 50 O	28 5	20 6	Hon. J. C. Lees.
Swan-River	32 » S	112 30 E	25 6	12 7	Milligon.
Iles Bermudes.......	32 23 N	66 58 O	24 9	14 4	Col. Emmet.
Saigon.............	10 47 N	104 21 E	28 3	24 5	*Courrier de Saigon.*
Darjeeling (2,184 m.).	26 45 N	86 30 E	17 8	5 »	*The indian forester.*
Melbourne	37 49 S	142 39 E	18 5	9 5	Id.

PLUIE. — La pluie fournit au sol l'eau nécessaire à oute végétation. Cet élément météorologique présente donc une grande importance et il y a lieu de se préoccuper de sa régularité.

On connaît les hauteurs annuelles de pluie recueillie sur la terrasse de l'Observatoire de Paris pendant 158 années comprises entre 1689 et 1872 et à Montsouris depuis 1872 [1].

ANNÉES	HAUTEUR MOYENNE	MAXIMUM	MINIMUM
	millimètres	millimètres	millimètres
De 1689 à 1720.......	488.2	681.5	275.7
De 1721 à 1754.......	413.7	626.9	210.2
De 1773 à 1797.......	494.1	631.4	330.6
De 1804 à 1820.......	501.3	703.1	378.5
De 1821 à 1850.......	516.7	610.7	342.3
De 1851 à 1872.......	515.3	686.8	343.6
De 1872 à 1882.......	560.»	779.»	394.»

Il résulte de ces nombres que la moyenne périodique des hauteurs annuelles de pluie a augmenté depuis 1689 et on peut se demander s'il y a lieu de supposer que cette augmentation continuera à se produire. Ecartant les observations de 1872-1882, faites à Montsouris, et ne conservant que celles de l'Observatoire de Paris, qui sont comparables entre elles, on obtient comme moyenne générale 471 millimètres. Si on détermine les écarts, par rapport à cette moyenne, on trouve 85 écarts positifs et 73 négatifs.

Faisant la somme des carrés de ces écarts, divisant par 158 — 1 = 157 et extrayant la racine carrée, on obtient l'écart moyen E

$$E = \pm 97^{mm} 3$$

On en déduit l'écart probable e.

$$e = E \times 0,6745 = \pm 65^{mm} 6$$

[1] *Annuaire de l'Observatoire de Montsouris*, 1884, p. 166-167.

Si on dispose les écarts par ordre de grandeur, de 40 en 40 millimètres, sans tenir compte des signes et si, d'un autre côté, on calcule, au moyen de l'écart probable ± 65^{mm} 6, les nombres d'écarts correspondant à chaque intervalle, on obtient les résultats suivants :

ÉCARTS OBSERVÉS		ÉCARTS CALCULÉS	
INTERVALLES	NOMBRE d'écarts	INTERVALLES	NOMBRE d'écarts
De 0^{mm} à 40^{mm}..	46	De 0^{mm} à 40^{mm}..	50
40 à 80	39	40 à 80	43
80 à 120	36	80 à 120	31
120 à 160	25	120 à 160	19
160 à 200	7	160 à 200	9
200 à 240	3	200 à 240	4
240 à 260	2	240 à 260	2

Quoique l'accord entre la théorie et l'oservation ne soit pas complet, il est toutefois suffisant pour que l'on puisse admettre que les différences entre la moyenne générale des hauteurs mesurées de 1689 à 1872 et chacune de ces hauteurs sont des anomalies accidentelles, qui suivent la loi de probabilité des erreurs accidentelles d'observation.

La hauteur annuelle de pluie tombant sur la terrasse de l'observatoire de Paris oscille donc autour de la moyenne 471 millimètres, avec un écart probable égal à ± 65^{mm} 6, et il n'y a pas lieu de supposer qu'elle ira constamment en croissant.

Toutefois, ces observations sont en contradiction avec la diminution constatée des eaux courantes. Mais cette contradiction disparaît si l'on remarque que la consommation domestique, industrielle et agricole de l'eau augmente constamment. La consommation agricole est accrue par l'extension de la pratique des irrigations, par la substitution fréquente des cultures sarclées à la jachère et par le défrichement des terres incultes.

Un hectare cultivé en betteraves, en pleine végétation, exige pendant une journée claire d'été 20 tonnes d'eau de transpiration [1]. Si on regarde ce nombre comme un maximum décroissant proportionnellement au temps, de manière à être nul au commencement et à la fin de la période de végétation, que l'on peut évaluer à 150 jours, l'eau évaporée sera de 1,500 tonnes par hectare et par an. Conservant le tiers seulement de ce résultat, soit 500 tonnes, on peut admettre que la terre en jachère ou à l'état de friche recouverte d'une maigre végétation, évapore la moitié seulement de cette quantité, soit 250 tonnes. La culture de la betterave exige donc un supplément de 250 tonnes d'eau équivalant à une hauteur de 25 millimètres. En outre, l'eau engagée dans les plants d'un hectare a un poids de 35 tonnes [2] qui est enlevé avec la récolte et qui représente une hauteur d'eau de $3^{mm}5$. Le seul fait de remplacer la jachère par la culture de la betterave donne donc lieu, sur l'étendue cultivée, à une consommation d'eau correspondant à une hauteur de $28^{mm}5$ au moins. Il n'est, par conséquent, nullement surprenant que, malgré la constance de l'élément météorologique considéré, le débit des cours d'eau soit en voie de décroissance.

Il faut ajouter que les déboisements agissent dans le même sens et produisent en outre l'irrégularité du débit des rivières.

La hauteur des pluies varie selon l'altitude et la situation littorale ou continentale ; elle est surtout considérable au pied des montagnes dont les versants sont frappés par les vents humides venant de la mer.

Il est utile, en vue de l'introduction d'espèces végétales étrangères, de connaître la quantité de pluie des stations de ces plantes ; le tableau suivant renferme quelques indications à cet égard [3].

---

[1] Boussingault. *Agronomie*, t. VI, p. 336.
[2]   id.   p. 337.
[3] Lindley. *Théorie de l'horticulture*, p. 149. — de Gasparin, *Cours d'Agriculture*, t. II, p. 257. — Mohn. *Traité de Météorologie*, p. 258-263. — *Statistique générale de l'Algérie* pour 1879-1881 et 1882-1884.

LOCALITÉS	PLUIE ANNUELLE	LOCALITÉS	PLUIE ANNUELLE
	millimètres		millimètres
Alger (d'après M. Lindley)...............	0.731	Lisbonne	0.608
Alger (Le Dey) (A = 22 mètres).........	0.806	Macao..........................	1.747
Alger (Fort l'Empereur)................	0.902	Japon...........................	1.000
Aumale (A. = 905 mètres)............	0.513	Médéa (A. = 914 mètres)............	0.827
Australie (côte sud)....................	de 0.700 à 0.800	Miliana (A. = 740 mètres)............	0.865
Afrique (sud).........................	de 0.600 à 0.770	Maranhao (Brésil)....................	7.110
Barnaul (Asie)........................	0.490	Naples...........................	0.739
Bordeaux.............................	0.659	Nouvelle-Zélande (côte est)............	de 0.650 à 0.800
Bahama,..............................	1.274	Orléansville (A. = 118 mètres)........	0.375
Buenos-Ayres	1.340	Paris (terrasse de l'Observatoire).......	0.471
Calcutta	1.930	Palerme	0.602
Ceylan...............................	2.274	Pékin (A. = 37 mètres)...............	0.620
Cayenne	0.334	Rio-Janeiro.......................	1.505
Cap-York (nord de l'Australie).........	2.210	Russie...........................	0.387
Canaries.............................	0.230	Seringaptnam (Indes Orientales).......	0.602
Cherapunj (à 200 kil. au N. de Calcutta).	12.500	Saigon...........................	1.473
Charlestown..........................	0.757	Staoueli..........................	0.712
Christianborg (Guinée).................	0.549	Sindh (nord)......................	moins de 0.250
Darjeeling (Indes Or.) (A. = 2184 mèt.)	3.175	Téniet-el-Hâad (A. = 1,143 mètres)...	0.656
Fort-National (A. = 916 mètres)......	1.064	Tizi-Ouzou (A. = 257 mètres)........	0.832
Fattehpur (Indes Orientales)..........	0.948	Vera-Cruz........................	4.650

Neige et grêle. — Lorsque la température de l'atmosphère est peu élevée, en novembre, les vents humides venant de la mer donnent lieu à la production de la pluie en s'élevant au-dessus des premiers côteaux du littoral, puis, s'ils rencontrent une montagne élevée, cette pluie se transforme en neige ou en grêle. La neige n'est persistante pendant l'hiver que dans la région des cèdres, dans la partie supérieure de la troisième zone. Elle maintient le sol à une température à peu près constante et voisine de 0°, de sorte que les jeunes plants qu'elle recouvre sont à l'abri des variations de température.

La grêle, qui se produit si fréquemment dans les régions montagneuses, dépouille les arbres de leurs feuilles et blesse leur écorce lorsque l'enveloppe subéreuse en est peu développée. Elle présente, en outre, le grand inconvénient de diviser la terre végétale à la surface et de la rendre ainsi facilement entraînable par les eaux pluviales.

Lumière. — La lumière remplit un rôle très important dans la vie des plantes, puisqu'elle préside à la fixation du carbone, à la transpiration et probablement à la décomposition de l'eau. L'intensité de cet élément météorologique varie avec l'altitude et avec le degré de nébulosité du ciel (ou avec les saisons). Elle acquiert son maximum sur les montagnes élevées et c'est à cette circonstance, autant qu'à la chaleur solaire, qu'est dû le développement des plantes sur les cimes élevées. Le sol est échauffé par une chaleur plus forte et frappé par une lumière plus vive [1]. Les teintes des fleurs sont éclatantes et les plantes aromatiques nombreuses.

On observe un effet de même nature dans les régions boréales ; seulement l'intensité est remplacée par la durée de l'éclairement diurne. La coloration des fleurs et des feuilles est plus vive, ces dernières prennent des dimensions plus fortes, la végétation est plus rapide, pour la période comprise entre la germination et la flo-

---

« (1) Sur le cône terminal du Faulhorn, M. Ch. Martins a compté 131 phanérogrammes. » Radau. *La lumière et les climats*, p. 74.

raison. Ainsi, le blé mûrit en 142 jours à Alger, 139 à Paris, 131 en Alsace et 90 seulement à Christiania. (1).

La rapidité de la végétation augmente donc avec la latitude et avec l'altitude, mais dans ce dernier cas l'accroissement résulte d'une intensité plus considérable de la lumière, tandis qu'en s'approchant du pôle l'accélération provient de la plus grande durée des jours en été (2).

En résumé, la lumière est indispensable au développement des végétaux ; c'est à cet élément météorologique que l'on doit la croissance remarquable des forêts de montagnes, quoique les autres conditions climatologiques soient, en général, moins favorables que celles des forêts situées en plaine.

C'est aussi à l'influence de la lumière que l'on doit attribuer ce fait qu'un grand nombre de plantes des régions élevées végètent imparfaitement quand elles sont transportées en plaine, lors même que les autres éléments météorologiques ont la même valeur.

L'accroissement des plantes, qui peut coïncider dans le temps avec la nutrition, est contrarié par la lumière. Il en résulte qu'avec une lumière intense et une température peu élevée, l'accroissement se produit surtout pendant la nuit. Au contraire, avec une température élevée et une atmosphère nuageuse, il est plus considérable pendant le jour que pendant la nuit. Dans tous les cas, la lumière le prépare en élaborant les matériaux nécessaires au développement des plantes.

ÉVAPORATION. — HUMIDITÉ DE L'ATMOSPHÈRE. — L'évaporation des surfaces liquides favorise la végétation, parce qu'elle donne naissance à la vapeur d'eau atmosphérique, qui produit les pluies. Elle est d'autant plus intense que la température est plus élevée et l'air plus agité.

L'humidité de l'air n'agit pas uniquement sous forme de pluie sur la végétation, elle est aussi fixée directe-

---

(1) Radau. *La lumière et les climats*, p. 78. Il s'agit de blé semé à la fin de mai à Christiania et, en mars, à Paris et en Alsace.

(2) « A Tornéo, la durée maxima du jour est de 22 heures. » Radau. *La lumière et les climats*, p. 71.

ment par la terre végétale et, dans certains cas, par les feuilles des plantes. Elle modifie, en outre, la transpiration, qui est d'autant plus énergique que l'air est plus sec. Enfin, elle est nuisible à la fécondation, surtout lorsque la température est peu élevée.

L'évaporation du sol a pour effet de lui enlever une grande partie des eaux atmosphériques qui le pénètrent ; elle est diminuée par la présence d'une végétation dense, surtout par la végétation forestière.

Le tableau suivant renferme quelques indications concernant l'évaporation des surfaces liquides [1].

LOCALITÉS	ÉVAPORATION annuelle	LOCALITÉS	ÉVAPORATION annuelle
	millim.		millim.
Paris (Montsouris)	0.630	Fort-National.....	1.770
Sydney..........	1.200	Aumale.........	1.778
Miliana.........	1.385	Médéa..........	1.858
Alger (le Dey)....	1.399	Orléansville......	1.885
Alger (Fort l'Emp.)	1.566	Téniet-el-Haâd....	1.895
Staouëli.........	1.621	Marseille........	2.300
Tizi-Ouzou.......	1.696	Cumama........	3.520

MOUVEMENTS DE L'ATMOSPHÈRE. — L'air en mouvement est une masse douée de vitesse ; il possède, par conséquent, une certaine force vive dont l'influence sur la végétation se traduit par l'agitation qu'il imprime aux tiges et aux rameaux des plantes.

L'intensité du vent est habituellement représentée au moyen des degrés de l'échelle suivante [2].

---

(1) *Statistique géuérale de l'Algérie* pour 1879-1881 et 1882-1884. — Mohn. *Météorologie*, p. 110.

(2) Mohn. *Météorologie*, p. 190.

DEGRÉS	FORCE DU VENT	VITESSE — MÈTRES par seconde	PRESSION — KILOGRAMMES par mètre carré	EFFETS DU VENT
0	Calme.	De 0 à 0.5	De 0 à 0.15	La fumée se dirige presque verticalement. Les feuilles des arbres sont immobiles.
1	Faible.	0.5 à 4.»	0.15 à 1.87	Appréciable. Fait remuer un drapeau. Agite les pétites feuilles.
2	Modéré.	4.» à 7.»	1.87 à 5.96	Étend le drapeau. Agite les feuilles et les petites branches des arbres
3	Frais.	7 » à 11.»	5.96 à 15.27	Agite les grosses branches.
4	Forte brise.	11.» à 17.»	15.27 à 34 35	Agite les plus grosses branches et les tiges de faible diamètre.
5	Violent ou tempête.	17.» à 28.»	34.35 à 95.40	Brise les branches et les tiges de faible diamètre.
6	Ouragan.	28.» et au-delà	95.40 et au-dessus	Effets destructeurs. Déracine les arbres.

Lorsque le vent n'atteint pas les deux derniers degrés, 5 et 6, il favorise le développement des végétaux. Il résulte, en effet, d'une ancienne expérience, de Knight, que, si l'on immobilise la partie inférieure de la tige d'un jeune arbre en laissant toute mobilité à la partie supérieure, cette dernière s'accroît en diamètre beaucoup plus que la première. La raison en est que, par suite des oscillations, l'écorce est distendue et que, par conséquent, la pression de cette écorce sur le jeune bois est diminuée, ce qui en accélère l'accroissement [1].

Le vent intervient, en outre, utilement pour la fécon-

---

[1] Sachs. *Traité de botanique,* p. 961.

dation croisée chez les plantes anémophiles. Il sert encore à transporter à distance les graines légères, ainsi que celles plus lourdes, mais pourvues d'ailes membraneuses. Pour se rendre compte de l'importance de cette dissémination, il suffit de remarquer que, par l'intermédiaire des vents, les graines sont transportées à une certaine distance de l'arbre dont elles proviennent et qu'elles peuvent alors, si elles rencontrent les conditions nécessaires pour la germination, produire des plants capables de se développer, ce qui n'aurait pas été possible si ces graines étaient tombées sur le sol suivant la verticale. En pareil cas, en effet, la plupart des jeunes plants disparaissent rapidement et ceux qui se maintiennent, comme cela se produit pour le hêtre et le sapin, ne se développent réellement que si l'arbre qui les domine vient à disparaître.

Le vent transporte avec lui sa température et son degré d'humidité ; il modifie, par conséquent, ces deux éléments météorologiques sur les points où il exerce son action. Il modifie également l'évaporation, dans la proportion de 125 à 100 pour un vent modéré et de 150 à 100 pour une forte brise [1].

Les vents agissent aussi par la nature des matières qu'ils transportent. Ainsi, les vents de mer sont nuisibles à la végétation des arbres, et le siroco, toujours à redouter à cause de sa température élevée, devient plus dangereux encore lorsqu'il transporte des particules de sable.

Les vents violents sont très nuisibles ; ils arrachent les feuilles, brisent les jeunes pousses et souvent renversent les arbres eux-mêmes. Lorsqu'ils présentent une direction dominante, ils modifient la forme des arbres ; les branches s'étendent et s'allongent suivant cette direction, tandis que sur le côté opposé de l'arbre elles sont rejetées en arrière.

Les vents chauds et humides favorisent habituellement la végétation, mais ils sont contraires au développement du pollen et, par conséquent, à la fécondation [2].

---

(1) Lindley. *Théorie de l'horticulture*, p. 150.

(2) De Gasparin. *Cours d'agriculture*, t. II, p. 203. — Lindley, *Théorie de l'horticulture*, p. 200.

Les vents chauds et secs sont à craindre lorsqu'ils sont prolongés parce qu'ils causent la dessiccation des terres en activant l'évaporation. D'un autre côté, ils augmentent l'intensité de la transpiration des plantes ; ces deux influences nuisibles agissent dans le même sens.

PRESSION BAROMÉTRIQUE. — La diminution de la pression barométrique peut être nuisible à la végétation des plantes, car elle correspond à la raréfaction de l'air et, par conséquent, à la diminution de densité de l'oxygène qui est indispensable pour la respiration des végétaux, la germination des graines et la maturation des fruits. Il est possible que, bien que la quantité d'oxygène soit suffisante, sa densité, aux altitudes élevées, soit trop faible pour que la fonction qui vient d'être indiquée s'exerce régulièrement. On sait, en effet, que, chez les animaux, l'asphyxie se produit lorsque la densité de l'oxygène est cinq fois moindre qu'au niveau de la mer [1]. S'il en est de même chez les plantes, leur déplacement en altitude ne peut être compensé par un déplacement en latitude.

Quant à l'acide carbonique de l'atmosphère, sa proportion paraît être indépendante de l'altitude et, par conséquent, de la pression barométrique [2].

---

[1] Expériences et observations de MM. P. Bert et Jourdanet dans : Radau. *Pression barométrique*, p. 46.

[2] Radau. *La lumière et les climats*, p. 76.

CHAPITRE III

SOLS.

TERRE VÉGÉTALE, DÉFINITION. — La terre végétale est la partie superficielle des terrains susceptible d'être entamée par les instruments de culture et dans laquelle se fixent les végétaux au moyen de leurs racines. Elle consiste en un mélange de sables divers, de calcaire, d'argile et de matière organique[1].

La végétation forestière peut se développer sur toutes les terres ; elle les enrichit par les débris de toute nature, feuilles mortes, branches et tiges desséchées, qu'elle fournit et qui se transforment en terreau par suite de leur combustion lente au contact de l'oxygène de l'air.

La composition chimique des terres présente peu d'importance en sylviculture, car la plupart des essences végètent indifféremment sur tous les sols. Pourtant le châtaigner et le chêne-liége sont calcifuges et le pin d'Alep et le chêne vert préfèrent les terres calcaires.

PROPRIÉTÉS PHYSIQUES DES TERRES. — Les propriétés physiques des terres sont plus importantes que leurs propriétés chimiques. Ces propriétés varient surtout avec la quantité de terreau que les terres renferment et selon que l'élément dominant est le sable ou l'argile.

On a vu précédemment quelle est l'importance de la transpiration dans le développement des plantes ; la végétation est donc favorisée par l'aptitude des sols à retenir les eaux atmosphériques et à absorber la vapeur d'eau contenue dans l'air. Le tableau suivant[2] résume ces propriétés par nature de terre ; il indique que le terreau et l'argile sont les principaux éléments de la fraîcheur des sols.

---

[1] Boussingault. *Agronomie*, t. VI, p. 85.
[2] Dehérain. *Cours de chimie agricole*, p. 256 et 257.

DÉSIGNATION DES TERRES	EAU ABSORBÉE PAR 100 PARTIES DE TERRE	UN LITRE de TERRE MOUILLÉE contient		Vapeur d'eau condensée, en 12 heures, par 5 grammes de terre sèche étendue sur une surface de 36 c. q. dans l'air saturé à 19° (1).
		Eau	Terre	
		kilog.	kilog.	grammes.
Sable siliceux............	25	0.499	1.995	0.000
Gypse hydraté..........	27	0.501	1.855	»
Sable calcaire.........	29	0.582	2.021	0.010
Argile maigre.........	40	0.682	1.654	»
Argile pure...........	70	0.875	1.251	0.185
Terre calcaire fine....	85	0.808	0.950	»
Humus...............	190	0.935	0.493	0.400
Terre de jardin........	89	0.821	0.923	»
Terre arable..........	52	0.745	1.435	»
Terre du Jura.........	48	0.689	1 493	0.070

Lorsque l'air est desséché, il emprunte de la vapeur d'eau au sol ; il y a donc lieu de tenir compte de l'évaporation des terres. Le résumé des expériences de Schubler est présenté dans le tableau suivant (2), qui indique que le terreau et l'argile sont très aptes à retenir l'eau d'imbibition, tandis que les sables la laissent évaporer rapidement.

---

(1) On peut admettre que le pouvoir hygrométrique des terres est proportionnel à la surface mise en contact avec la vapeur d'eau renfermée dans l'air atmosphérique, ou provenant des eaux souterraines. L'augmentation de surface résultant d'un ameublissement profond et répété du sol a donc pour effet d'accroître l'intensité de l'absorption de la vapeur d'eau.

(2) Dehérain. *Cours de chimie agricole*, p. 259.

	100 parties de terre perdent en 4 heures et à 18° 75.
Sable siliceux......................	88.4
Sable calcaire......................	75.9
Gypse.............................	71.7
Argile maigre......................	52.»
Argile grasse......................	45.7
Terre argileuse	34.9
Argile pure.......................	31.9
Calcaire en poudre fine...........	28.»
Humus............................	20.5
Terre de jardin...................	24.3
Terre arable	32.»
Terre du Jura.....................	40.»

Enfin il y a lieu de tenir compte des propriétés calorifiques des sols, propriétés indiquées dans le tableau suivant résumant les expériences de Schubler [1]. Il résulte de ce tableau que l'échauffement des terres exposées au soleil est à peu près le même quelle qu'en soit la nature, mais que cette chaleur est conservée très longtemps par les sables tandis qu'elle est rapidement abandonnée par le terreau.

	Faculté de retenir la chaleur celle du sable calcaire étant 100°	Température maxima de la couche supérieure du sol celle de l'air étant 25°	
		Terre humide.	Terre sèche.
Sable calcaire..........	100.»	37° 38	44° 50
Sable siliceux..........	95.6	37 25	44 75
Gypse.................	73.2	36 25	43 62
Argile maigre..........	76.9	36 75	44 12
Argile grasse..........	71.1	37 25	44 50
Terre argileuse........	68.4	37 38	44 62
Argile pure...........	66.7	37 50	45 »
Calcaire en poudre fine.	61.8	35 63	43 »
Humus.................	49.»	39 75	47 37
Terre de jardin	64.8	37 50	45 25
Terre arable..........	70.1	36 88	45 25
Terre du Jura.........	74.3	36.50	43 75

[1] Déhérain. *Cours de chimie agricole*, p. 261 et 263.

CLASSIFICATION DES TERRES. — En se basant sur les propriétés physiques des terres et sur la proportion des principaux éléments, M. Masure a établi la classification suivante, assez simple pour pouvoir être suivie sans difficulté (1).

TABLEAU

(1) Dehérain. *Cours de chimie agricole,* p. 268.

EMBRANCHEMENTS	CLASSES	COMPOSITION ÉLÉMENTAIRE			
		ARGILE	SABLE	CALCAIRE pulvérulent	TERREAU
Type de classement. (Classe hors cadre).	I *Terres parfaites.* Tous les éléments se font équilibre.	p. 100 20 à 30	p. 100 50 à 70	p. 100 5 à 10	p. 100 5 à 10
1er Embranchement. — TERRES ARGILEUSES dans lesquelles l'argile domine. *Caractères :* La terre fait pâte avec l'eau et forme, en se détachant, des mottes plus ou moins dures.	II. *Terres argileuses.* L'argile domine seule sur tous les éléments.	puls de 40	moins de 50	moins de 5	5 à 10
	III. *Terres argilo-sableuses* L'argile domine seule sur le sable et avec le sable sur les autres éléments.	plus de 30	50 à 70	moins de 5	5 à 10
	IV. *Terres argilo-calcaires* L'argile domine et, après elle, le calcaire pulvérulent.	plus de 30	moins de 50	5 à 10	5 à 10
	V. *Terres argilo-humifères* L'argile domine et, après elle, le terreau.	plus de 30	moins de 50	moins de 5	plus de 10
2e Embranchement. — TERRES NON ARGILEUSES dans lesquelles l'argile est dominée par le sable seul, ou par le sable et un autre élément. *Caractères :* La terre se délaye dans l'eau sans faire pâte avec elle. Elle ne forme pas de mottes dures.	VI. *Terres sableuses.* Le sable domine seul.	moins de 10	plus de 80	moins de 5	5 à 10
	VII. *Terres sablo-argileuses* Le sable domine et, après lui, l'argile.	10 à 20	plus de 70	moins de 5	5 à 10
	VIII. *Terres sablo-calcaires.* Le sable domine et, après lui, le calcaire pulvérulent.	moins de 10	plus de 70	5 à 10	5 à 10
	IX *Terres sablo-humifères* Le sable domine et, après lui, le terreau.	moins de 10	plus de 70	moins de 5	plus de 10
	X. *Terres calcaires.* Le calcaire pulvérulent domine seul.	moins de 10	50 à 70 sable calcaire	plus de 10	5 à 10
	XI. *Terres humifères.* Le terreau domine seul.	moins de 10	moins de 50	moins de 5	plus de 30

TERMES VULGAIRES — SYNONYMIE	CARACTÈRES SPÉCIFIQUES VULGAIRES
Limons. Terres franches. Loams.	La terre se tasse dans la main, mais s'égrène en la pressant fortement sous les doigts. Fait effervescence assez vivement avec les acides.
Terres glaises. Terres à potier.	La pâte est plastique, se pétrit sous les doigts, se coupe au couteau ; quand elle est sèche, ne se brise qu'au marteau. Effervescence nulle ou très faible avec les acides.
Glaises maigres. Glaises sableuses. Terres fortes. Terres à blé.	La pâte est encore assez plastique. Le couteau l'égrène en la coupant. Effervescence nulle ou très faible avec les acides.
Marnes glaiseuses. Glaises blanches. Terres à trèfle et à luzerne.	La pâte est platisque, se coupe assez bien au couteau, se brise assez facilement à la main. Effervescence très vive avec les acides.
Glaises noires. Terres de marécages.	La pâte est très plastique, se coupe bien au couteau, se brise assez facilement à la main. Effervescence très faible ou nulle ; odeur putride très développée.
Sables friables. Sables meubles. Terres de pinières.	La terre s'égrène au moindre effort quand on veut la mettre en mottes. Effervescence très faible avec les acides.
Sables consistants. Terres légères. Terres à seigle.	La terre peut se tasser en mottes, mais ces mottes sont faciles à pulvériser. Effervescence très faible avec les acides.
Sables crayeux. Terres blanches. Terres à sainfoin et à luzerne.	La terre ne peut se tasser en mottes. Effervescence très vive avec les acides.
Sables noirs. Terre de bruyère. Terre de jardinier.	La terre ne peut se tasser en mottes ; elle exhale une odeur putride. Effervescence très faible avec les acides.
Terres marneuses. Marnes exploitables.	La terre se tasse en mottes en blanchissant les doigts. La motte durcit, puis se délite à l'air humide. Vive effervescence avec les acides.
Tourbes. Marécages.	La terre est noire, très légère, sans consistance. Effervescence faible ou nulle avec les acides. Odeur putride.

STABILITÉ DE LA TERRE VÉGÉTALE [1]. — Il résulte des observations de M. Schlœsing que les sels calcaires, ou magnésiens, ont la propriété de coaguler les limons argileux, de sorte que c'est à la présence de ces sels que les eaux de drainage et les eaux de source sont redevables de leur limpidité et que la terre végétale doit sa permanence.

Lorsque, à la suite de pluies intenses dans une région agricole, des apports considérables d'eaux superficielles donnent lieu aux crues des cours d'eau, il se produit des troubles parce que ces eaux, n'ayant pas pénétré dans la terre arable, ne se sont pas chargées des sels nécessaires pour coaguler l'argile. Les limons enlevés à la terre végétale sont transportés dans ce cas jusqu'à la mer, où ils sont précipités par les sels de l'eau de mer et forment ainsi des atterrissements à l'embouchure des fleuves.

Les troubles sont beaucoup moins intenses dans les rivières qui traversent des régions boisées renfermant des peuplements serrés et en bon état de végétation. Dans ce cas, les débris végétaux, dont la masse est considérable, fournissent, par leur combustion lente au contact de l'oxygène de l'air, l'acide carbonique nécessaire à la formation des sels alcalins.

Lorsque le sol ne présente pas de massifs boisés suffisamment denses, qu'il n'est pas recouvert d'une épaisse végétation herbacée et qu'on ne lui fournit pas, sous forme d'engrais, des sels alcalins ou de l'acide carbonique pour former ces sels, il devient facilement entraînable par les eaux, même lorsqu'il contient une assez forte proportion d'argile. C'est pour ce motif que les eaux de certaines rivières de la province d'Alger renferment une grande quantité de limon. Ainsi, de l'eau recueillie dans l'Oued Fodda, le 9 mai 1885, contenait 1,744 [2] grammes de limon par mètre cube; le débit, à cette époque et au point de prise d'eau (dans les Ouled Ghalia), était de 1,850 litres par seconde, de sorte que le

---

(1) Boussingault. *Agronomie*, t. IV, p. 84 à 115.

(2) « La Durance transporte, en moyenne, 1,454 grammes de limon par mètre cube. » Observations de M. Hervé-Mangon dans : Debauve. — *Les Eaux en agriculture*; p. 194.

cours d'eau transportait 5 kilogrammes de limon pendant chaque intervalle d'une seconde de temps.

L'argile est un ciment de la terre végétale lorsqu'elle est coagulée par les sels solubles, surtout par le bicarbonate de chaux. Mais il existe un autre élément des sols qui agit de la même manière que l'argile ; c'est le terreau qui, suivant une observation ancienne des cultivateurs, donne de la consistance aux terres légères. Ce terreau est formé abondamment par les débris végétaux abandonnés par les arbres dans les forêts en bon état d'entretien ; il en résulte que le sol de ces forêts est stable, même quand il ne renferme qu'une faible proportion d'argile.

De même que les eaux pluviales, les vents entraînent les particules des terres qui ne renferment pas assez d'argile ou de terreau. La formation des dunes dans la région Sud du département d'Alger est la conséquence de cet entraînement.

C'est donc à la présence des dissolutions salines, qui coagulent l'argile, et à celle du terreau, qui cimente les particules du sol, qu'est due la résistance de la terre végétale à l'entraînement par l'eau et par l'air en mouvement. La présence des forêts est favorable à la manifestation de ces deux influences, car elles augmentent constamment la proportion de terreau que renferme le sol et la formation même de ce terreau met en liberté de l'acide carbonique qui est utilisé pour produire des sels alcalins, du bicarbonate de chaux le plus souvent.

CHAPITRE IV

NATURALISATION

La naturalisation des plantes étrangères est en relation avec les conditions physiques du pays d'origine de ces plantes et de la région dans laquelle on désire les introduire. Il est donc indispensable d'étudier ces conditions, et cette étude est le point de départ de toute tentative de naturalisation.

Il n'y a pas lieu, d'ailleurs, de s'attacher à rechercher des végétaux voisins des formes indigènes, car il résulte des faits constatés jusqu'à ce jour que, par suite d'échanges, les flores se sont plus accrues proportionnellement en nouveaux genres qu'en nouvelles espèces [1]. Cette constatation est une confirmation de ce principe que « la plus grande somme de vie correspond au maximum de diversification de conformation[2]. »

On peut, dans les essais, se laisser guider par ce fait que l'émigration des espèces s'est produite beaucoup plus souvent de l'hémisphère nord à l'hémisphère sud qu'en sens inverse [3]. Toutefois, ce principe n'est pas absolu, car un certain nombre de formes australiennes se sont naturalisées dans les Nilgiris [4] et en Algérie. Néanmoins, sauf exception en ce qui concerne le continent australien, il paraît utile de faire porter les essais de préférence sur les végétaux originaires de l'Asie et de l'Amérique du Nord.

Il faut donc comparer tout d'abord les conditions de sol et de climat des régions où végètent les plantes à introduire et de celles où l'on a l'intention de les naturaliser. Parmi ces conditions, les plus importantes à

---

[1] A. de Candolle, dans : Darwin, *Origine des espèces*, p. 120.

[2] Darwin. *Origine des espèces*, p. 119.

[3] A. de Candolle et Dr Hooker, dans : Darwin. *Origine des espèces*, p. 406.

[4] Darwin. *Origine des espèces*, p. 407.

constater sont celles qui permettent à la fleur de se former et au fruit de mûrir ; ces conditions, indispensables à la reproduction, caractérisent le climat convenable à une plante [1].

Mais il est rare que l'on connaisse exactement toutes les données nécessaires, de sorte que les renseignements que l'on possède ne servent que d'indication ; il est donc indispensable de procéder à des essais pour déterminer les espèces s'adaptant le mieux à chaque situation particulière [2].

A la suite de ces essais on peut être amené à introduire des végétaux mieux armés pour la concurrence que les plantes indigènes. C'est ainsi que la végétation spontanée en Nouvelle-Zélande paraît se retirer devant la végétation introduite [3]. Le cresson de rivière envahit le cours d'eau ; les peupliers, les saules et les acacias s'emparent du sol [4].

Les tentatives de naturalisation ont donc une grande importance, car elles peuvent donner lieu à l'introduction de végétaux mieux adaptées aux conditions physiques de la région que les plantes indigènes.

Certaines plantes présentent une aire très étendue ; ainsi, la pomme de terre est cultivée depuis l'extrémité de l'Afrique jusqu'en Laponie [5]. Parmi les arbres, le pin sylvestre s'étend sur 20 degrés de latitude au moins, tandis que l'aire du cèdre est extrêmement circonscrite. La flexibilité de la constitution des végétaux est donc variable selon l'espèce à laquelle ils appartiennent.

---

[1] Boussingault. *Agronomie*, t. III, p. 24.

[2] De Gasparin. *Cours d'agriculture*, t. II, p. 96. — Boussingault. *Agronomie*, t. III, p. 87.

[3] Darwin. *Origine des espèces*, p. 222.

[4] Lyell. *Principe de géologie*, t. II, p. 580.

[5] Humboldt, dans : Boussingault, *Agronomie*, t. III, p. 85.

CHAPITRE V

BUT DES TRAVAUX DE BOISEMENT [1]

En dehors des forêts, l'objet des repeuplements artificiels est de créer de l'ombrage dans le voisinage des habitations, d'établir des abris contre les vents dangereux, de maintenir les berges des cours d'eau, d'assainir les terrains renfermant un excès d'humidité, enfin de tirer parti des sols ingrats, ou peu accessibles, dans lesquels toute autre culture serait impossible.

Dans l'intérieur des forêts, on est souvent conduit à introduire de nouvelles essences en mélange dans les massifs et on a fréquemment à boiser des terres enclavées ou à compléter des peuplements clairiérés. En outre, il ne faut pas perdre de vue que le croisement entre individus distincts est avantageux [2] et que cet avantage augmente encore de valeur lorsque ces individus distincts proviennent de localités différentes. « Quand » des végétaux habitant une localité déterminée ne se » fécondent qu'entre eux pendant un certain nombre » de générations, leurs descendants ne tardent pas à » s'abâtardir. C'est pour prévenir cet inconvénient que » les horticulteurs ont soin de renouveler fréquemment » leurs graines. Il y a même avantage à ne jamais se- » mer dans un jardin les graines qu'il a produites [3]. » Le changement de milieu peut aussi donner lieu à la production de variétés plus avantageuses à cultiver que la forme primitive [4], ou plutôt, pour parler plus exactement, le changement de milieu peut permettre à des variétés nouvelles de se maintenir [5].

---

(1) Voir, pour renseignements détaillés et complets, l'ouvrage suivant : « A. Noël, *Essai sur les repeuplements artificiels et la restauration des vides et clairières des forêts,* gr. in-8°, 351 pages, Berger-Levrault et Cie, et Librairie Agricole, Paris, 1882. »

(2) Darwin. *Origine des espèces*, p. 105.

(3) De Lanessan. *Introduction à la botanique*, p. 117.

(4)   id   p. 131.

(5) Sachs. *Traité de botanique*, p. 1082.

Dans la nature, ce déplacement se produit dans une certaine mesure ; les graines légères ou ailées sont transportées par les vents, les graines lourdes sont entraînées par les eaux ; enfin, les animaux servent d'agents de dissémination. Mais ces moyens de transport sont d'un effet restreint ; la plus grande partie des graines germent sur place et, conformément au principe qui précède, donnent lieu à des produits qui diminuent constamment en vigueur et en fertilité. Peut-être faut-il voir dans ce fait le motif de la disparition de certaines essences sur des points déterminés et de la dégradation continue de certaines forêts. Si cette supposition est exacte, il y aurait lieu de substituer dans les forêts, plus fréquemment qu'on ne l'a fait jusqu'à ce jour, la régénération artificielle à la régénération naturelle.

Le choix des essences à adopter, dans les travaux de boisement, doit résulter de l'application des principes généraux exposés dans les chapitres précédents. Les essences à employer sont, en premier lieu, celles que l'on trouve dans la localité, puis celles qui proviennent des régions voisines et qui sont appropriées aux conditions de sol et de climat que présente le terrain sur lequel les travaux doivent avoir lieu.

Ainsi, le chêne-liège, qui est une essence calcifuge, ne peut être introduit que dans les terres sableuses ou argilo-sableuses ; il en est de même du châtaignier et du pin maritime. D'un autre côté, le chêne vert et le pin d'Alep doivent être préférés pour les terres argilo-calcaires.

Le chêne vert, dont les feuilles sont coriaces et persistantes, transpire beaucoup moins que le frêne, à feuilles tendres et caduques ; le premier est donc préférable pour les régions où la hauteur annuelle des pluies est peu considérable, car il ne consomme qu'une faible quantité d'eau.

Le genévrier de Phénicie, le thuya, le caroubier, l'acacia leiophylla et le casuarina equisetifolia résistant bien aux vents de mer, leur place est sur le littoral. Au contraire, le cèdre est une essence appropriée aux régions montagneuses de la troisième zone.

Il y a lieu, en outre, de tenir compte des circonstances économiques, dans le choix des espèces. Il y a avantage, en général, à produire des fruits à proximité des centres ; plus loin, la production des bois de service est limitée par les dépenses résultant du transport. Au-delà, les exploitations forestières ne peuvent porter avantageusement que sur certains produits faciles à transporter, les charbons, les écorces à tan et surtout le liège.

Quelques productions ont une aire très étendue; ainsi la culture de l'olivier, comme celle du chêne-liège dans le sol qui lui convient, n'est guère limitée que par les conditions climatologiques, car l'huile et le liège sont des produits de grande valeur supportant un long transport.

Lorsque l'on crée un massif, il est utile de le constituer au moyen d'essences variées, car la concurrence des plantes est d'autant plus faible que leurs besoins sont plus différents [1]. Ce principe est énoncé sous une forme plus générale en disant que la concurrence est d'autant plus rigoureuse que les formes sont plus semblables entre elles [2], ou que la plus grande somme de vie correspond à la plus grande diversification de conformation [3].

Il y a, en outre, avantage, en ce qui concerne la conservation des massifs, à mélanger des arbres se perpétuant par rejets ou drageons avec ceux qui se perpétuent seulement par semis, car, en cas d'incendie, les seconds seuls sont exposés à disparaître. Ainsi, le pin pinier peut se développer au-dessus des cépées de chêne vert, le cèdre peut croître avec le zéen ou l'afârez; dans les terrains secs et peu profonds, on peut employer le pin d'Alep, le pistachier de l'Atlas, le caroubier et l'olivier en mélange.

On rencontre assez fréquemment en Algérie des makis renfermant des éléments suffisants pour pouvoir être exploités avantageusement. Cela a lieu toutes les fois que ces makis présentent des souches de chêne vert ou des oliviers sauvages. Dans ce cas, la mise en état de production s'obtient presque sans frais par le greffage des oliviers ou par le recepage des chênes verts ; il suffit ensuite d'une surveillance régulière pour obtenir à bref délai de l'huile ou des écorces à tan.

---

(1) Sachs. *Traité de Botanique*, p. 1092.
(2) Darwin. *Origine des espèces*, p. 349.
(3)   Id.   p. 119.

CHAPITRE VI

PROPAGATION DES VÉGÉTAUX PAR SEMIS ET PAR PLANTATION

PERPÉTUATION DES ESPÈCES. — Les arbres se multiplient, en général, dans la nature par voie de semis. Les graines, arrivées à maturité, sont dispersées suivant les divers procédés indiqués précédemment et, lorsqu'elles rencontrent des conditions favorables à la germination, elles produisent des végétaux semblables à ceux dont elles proviennent.

Ces graines renferment le plus souvent un seul embryon, quelquefois deux, comme dans l'amandier, ou un plus grand nombre, comme dans l'oranger.

Pour les arbres forestiers, on s'est peu occupé jusqu'à présent, et cela peut-être à tort, de rechercher ou de créer des variétés nouvelles. Pourtant, cette recherche ne serait pas toujours inutile ; par exemple, des arbres à feuilles plus développées que chez les espèces actuelles donneraient un couvert plus complet et un terreau plus abondant. Mais, les graines étant demandées en grande quantité sont récoltées sur tous les arbres indistinctement ; on ne peut ainsi posséder que les variétés qui se sont établies naturellement.

Au contraire, pour les arbres fruitiers, les pépiniéristes s'occupent constamment d'obtenir des variétés plus avantageuses en ce qui concerne le volume des fruits, leur abondance, leur qualité, ou leur maturation précoce ou tardive.

L'hybridité est une source de variation ; en général les hybrides d'espèces sont infertiles, tandis que les hybrides de variétés, ou métis, produisent ordinairement des descendants fertiles. Les uns et les autres, mais surtout les derniers, sont très enclins à varier.

L'autofécondation étant évitée le plus souvent dans la nature, la formation des graines est due, en général, au croisement d'individus différents. Il ne paraît donc pas indispensable d'admettre, ainsi qu'on le fait communément, que les espèces ont, par elles-mêmes, une tendance à varier, car les graines proviennent du croisement de végétaux présentant des différences individuelles qui peuvent se transmettre héréditairement et se fixer par suite de l'action accumulative de la sélection. Toutes les variétés proviendraient ainsi de la fécondation croisée entre individus, variétés, espèces et genres quelquefois.

Les croisements entre des individus et variétés sont avantageux, les autres sont le plus souvent désavantageux.

Les variations utiles ont d'autant plus de chance de se produire que les individus en contact sont plus nombreux ; c'est pourquoi « les pépiniéristes sont générale- « ment plus heureux que les amateurs dans la produc- « tion de variétés nouvelles et précieuses parce qu'ils élè- « vent à la fois les mêmes plantes en grandes quan- « tités[1]. »

D'un autre côté, une variété avantageuse se maintient d'autant plus sûrement, avec ses caractères primitifs, qu'elle est plus multipliée. « C'est d'après ce principe « que les pépiniéristes aiment mieux recueillir la graine « de plantes réunies en grandes masses, ce qui diminue « les chances d'entrecroisement [2]. »

On doit donc s'adresser aux pépiniéristes pour se procurer des arbres fruitiers d'une culture avantageuse, et il en est de même pour certains arbres forestiers exotiques, introduits déjà depuis quelques années en Algérie, dont on possède plusieurs variétés mieux adaptées que les formes parentes aux conditions physiques de la région.

CHOIX ENTRE LE SEMIS ET LA PLANTATION. — Pour multiplier les essences forestières, on peut avoir recours à deux procédés distincts, le semis direct sur le terrain destiné à être boisé, ou bien la plantation de jeunes arbres élevés en pépinière.

Le premier mode est moins coûteux, mais, en Algérie,

---

[1] Darwin. *Origine des espèces*, p. 39.
[2] Darwin. *Origine des espèces*, p. 109.

les conditions climatologiques ne permettent pas toujours d'y avoir recours avec succès; en outre, le semis
produit des plants plus grêles et moins vigoureux que
la plantation [1].

« Trois modes de préparation des plants peuvent être
« employés simultanément pour les essences résineuses,
« sauf à donner, après essai, la préférence à celui qui
« produira les meilleurs résultats, au double point de
« vue de la réussite et de l'économie de la main-d'œu-
« vre, le second restant subordonné au premier.

« 1° Plantation, par touffes, de jeunes brins d'un an à
« raison de 3 à 4 brins pour chaque touffe.

« 2° Repiquement en pépinière de sujets d'un an, à
« 0ᵐ03 environ l'un de l'autre, après section d'une par-
« tie du pivot; plantation un an, ou deux ans au plus,
« après le repiquement.

« 3° Semis en roseaux dans les pépinières.

« Ce procédé, employé avec succès par M. Péguet,
« maire de Mers-el-Kebir, sur les friches appartenant
« à cette commune, et proposé par M. Garnier, garde
« général à Mostaganem, pour les dunes d'Oureah, se
« résume comme il suit :
« Dans une terre parfaitement meuble et tamisée au
« besoin sur 0ᵐ30 de profondeur, on enfonce, avec un
« maillet en bois, des sections de roseau longues de
« 0ᵐ25 environ et complètement ouvertes à l'intérieur ;
« on les laisse saillir de 20 à 25 millimètres. On sème
« ensuite, en décembre ou janvier, 2 à 3 graines dans
« chaque roseau et on les recouvre de 5 à 6 millimètres
« de terre.
« Les roseaux, plantés l'un près de l'autre, sont ar-
« rosés pendant l'été et abrités, s'il y a lieu, au moyen
« de paillassons confectionnés avec la partie supérieure
« des tiges.
« A l'automne suivant, les roseaux sont arrachés et
« transportés sur le terrain où l'on a préparé les trous
« destinés à les recevoir. La terre qu'ils contiennent ne
« s'échappe pas et, pour les faire voyager au loin, on

---

(1) *Instruction générale* de M. Mathieu, conservateur des forêts à Oran.

« peut les mettre en bottes ayant, à la partie inférieure,
« quelques branchages ou, de préférence, une toile d'em-
« ballage humide.

« On les enfonce presque au ras du sol et on recouvre
« chacun d'eux d'une petite poignée d'aiguilles de pin et
« de feuilles séches.

» Dès la première année de transplantation le roseau
« se décompose et laisse sortir les racines latérales.

« Il convient de les planter en quinconces, à raison
« d'un roseau pour chacun des trous équidistants de
« 1ᵐ50, ce qui nécessite 4,444 roseaux par hectare pour
« une plantation en résineux purs.

« La plantation en roseaux peut s'appliquer à toutes
« les essences à graines menues. »

Enfin, un quatrième procédé analogue à celui qui vient
d'être décrit, consiste à repiquer en pots les jeunes
plants, trois semaines après la germination.

Ces plants repiqués sont arrosés et abrités pendant
les chaleurs de l'été, puis, à l'automne, ils sont transportés sur l'emplacement qu'ils doivent occuper. Là, ils
sont dépotés et mis en place avec la terre dans laquelle
ils ont végété. Ce procédé est employé, de préférence à
tout autre, à Baïhnen et au Télégraphe, pour les essences
exotiques.

DISPOSITION D'UNE PÉPINIÈRE. — La pépinière du Télégraphe est divisée en compartiments entourés de sentiers de 1ᵐ20 de largeur. Chaque compartiment est di-
visé lui-même en planches, ou plates-bandes, de 4ᵐ00
de longueur sur 1ᵐ00 de largeur, séparées par de petits sentiers de 0ᵐ60 de largeur. Les sentiers sont en
saillie de 0ᵐ10 environ.

Le sol, amendé au moyen de terreau, a reçu, lors de
l'installation de la pépinière, une culture profonde à la
pioche, à 0ᵐ 50, de manière à faire disparaître entièrement la végétation qui le recouvrait.

On est généralement disposé à donner aux pépinières
une contenance trop considérable, de sorte que l'on obtient des jeunes plants en beaucoup plus grand nombre
qu'on ne peut les employer. Au Télégraphe, chaque compartiment comprend 12 plates-bandes, dont chacune four-

nit 2,000 à 3,000 plants, selon les espèces. On voit donc qu'une étendue de 2 ou 3 ares est déjà suffisante pour qu'on puisse effectuer des travaux de boisement assez importants [1].

Il est utile d'installer une petite pépinière sur le terrain à boiser, lorsqu'il présente une étendue de plusieurs hectares, car on évite ainsi les dépenses et les dangers du transport des plants.

Il est indispensable d'entourer chaque pépinière d'une clôture ; le plus souvent la même précaution doit être prise pour les terrains à boiser.

RÉCOLTE ET CONSERVATION DES GRAINES. — Les graines des principales essences existant en Algérie, introduites ou spontanées, sont faciles à récolter. On les enlève de l'arbre un peu avant l'époque de la dissémination et, par l'exposition au soleil, on les sèche de manière à prévenir leur germination anticipée lorsqu'on doit les conserver pendant un certain temps. La chaleur solaire permet aussi d'extraire facilement celles qui sont comprises dans une gousse (acacias), dans une pyxide (eucalyptus), ou sous les écailles d'un cône (conifères).

Les écailles des cônes de cèdre s'écartent difficilement, mais on évite cet inconvénient en les plongeant dans l'eau froide pendant 24 à 36 heures [2].

Pour les glands, il suffit de les ramasser au pied des arbres.

Ces graines, faciles à obtenir privées d'humidité, se conservent sans difficulté. Au Télégraphe, elles sont renfermées dans des sacs en toile grossière disposés sur des rayons.

Les glands sont mis en tas, à l'abri des intempéries, jusqu'à l'époque de leur emploi.

Lorsque les graines sont renfermées dans une enveloppe lignifiée épaisse, il est utile, pour qu'elles germent rapidement et uniformément après le semis, de

---

(1) Une pépinière de 2 ares renferme 16 plates-bandes de 4 mètres sur 1 mètre et contient environ 40,000 plants.

(2) A. Mathieu. *Flore forestière*, p. 379.

les stratifier, c'est à-dire de les disposer par lits alternant avec des couches de sable. Moyennant cette précaution, la germination s'effectue d'une manière régulière.

SEMIS EN PÉPINIÈRE. — Les graines qui donnent lieu à la propagation naturelle des arbres tombent sur un sol qui n'a subi aucune préparation et, néanmoins, elles germent sans difficulté. Mais, dans les forêts, la superficie de la terre végétale est formée d'une couche de terreau extrêmement meuble et surmontée d'un lit de feuilles mortes et de débris organiques de toute nature. Les graines pénètrent dans les interstices de cette couverture et sont, en outre, enfoncées plus ou moins profondément dans le terreau superficiel par suite de l'écoulement des eaux pluviales.

Pour se rapprocher de ces conditions dans les pépinières, il est nécessaire d'ameublir complétement le sol. De plus, on ajoute ordairemeut, à la terre végétale naturelle, du terreau qui sert d'engrais et d'amendement. Cet engrais est utile surtout pour les petites graines ne renfermant qu'une faible quantité de matière azotée, qui serait obligée de se répartir dans le plant tout entier, si le sol n'en renfermait lui-même en quantité suffisante pour suppléer au déficit de la graine.

Il faut donc mélanger un engrais azoté à la terre de la pépinière et, de plus, afin de se rapprocher des conditions réalisées en forêt, il est nécessaire de recouvrir les graines d'une couche de terreau, d'autant moins épaisse qu'elles sont plus légères, ainsi qu'on l'a vu précédemment.

Pour l'exécution du semis, les plates-bandes sont divisées dans le sens de leur longueur en sillons séparés par des intervalles de $0^m 25$ à $0^m 30$. La graine est répandue abondamment dans ces sillons, de manière à empêcher la production des herbes, puis recouverte d'une couche de terreau variant de 2 à 20 millimètres d'épaisseur, selon la grosseur des semences.

Enfin, sur toute l'étendue des plates-bandes, on répand, au Télégraphe, une couche de 3 à 5 millimètres d'épaisseur de détritus d'aiguilles de pin d'alep. Cette couche remplace en partie la couverture que l'on obser   en forêt ; elle conserve la fraîcheur du sol et s'opp   croissance des herbes.

Chez certaines essences (chênes, pin pinier), le pivot prend un développement considérable ; il atteint 0ᵐ 50 à 0ᵐ 60 de longueur à la fin de la première année. Il en résulte cet inconvénient que les plants sont d'une extraction difficile et que, le plus souvent, le pivot est brisé, ce qui cause la pourriture de la partie voisine du point de rupture.

On peut arrêter le développement du pivot en le supprimant en partie, par une section oblique au moyen de la bêche, 3 mois environ après la germination, mais il est préférable de tasser la terre du fond de la plate-bande de manière à en ralentir le développement, au profit de la végétation des racines latérales. Pour favoriser la croissance de ces dernières chez le chêne, on interpose entre le fond de la plate-bande et la couche superficielle de terreau, un lit de pierrailles hygrométriques, ou bien on pince l'extrémité de la jeune tige 5 à 6 jours après la germination [1].

Afin de se rendre compte de la quantité, en poids ou en volume, de graines à employer pour obtenir un nombre de plants déterminé, il est utile de connaître le nombre de graines contenues dans un poids ou volume donnés. Le tableau suivant fournit ces renseignements pour quelques-unes des essences cultivées dans la province d'Alger.

Nombre de graines dans 1 kilogramme.

Acacia dealbata		83.000
id.	leiophylla	65.000
id.	lophantha	11.500
id.	melanoxylon	59.000
id.	pycnantha	56.000
id.	trinervis	42.000
Caroubier		5.080
Cyprès	de 128,000 à	150.000
Micocoulier		1.730
Pin d'Alep [2]		56.600
Pin Pinier		1.230
Schinus molle		22.500

---

(1) H. Levret. *Note sur le développement des racines latérales dans la culture du chêne en pépinière.*

(2) *Annuaire des eaux et forêts* pour 1883, p. 80.

Nombre de graines dans 10 grammes.

Casuarina tenuissima 22.100
Eucalyptus resinifera (graines fer-
        tiles seulement) 42.000
  Id.   rostrata (graines ferti-
        les seulement) 28.000

Nombre de graines dans 1 litre.

Chêne-liège . . . . de 145 à 170
Pistachier de l'Atlas 3.080

Les graines d'essences exotiques (acacias, casuarinas, eucalyptus...) sont semées, au Télégraphe, dans des terrines renfermant du terreau. Le semis est recouvert d'une couche de détritus d'aiguilles de pin d'Alep, d'une épaisseur de 2 millimètres environ, et trois semaines après la germination les jeunes plants sont repiqués dans des pots ayant 0^{m}08 à 0^{m}10 de diamètre à la partie supérieure. Ils sont abrités contre la chaleur solaire directe au moyen de tiges de roseaux disposées les unes à côtés des autres sur des perches horizontales soutenues par des piquets terminés en fourche.

Les semis, dans la pépinière du Télégraphe, ont lieu à la fin du mois de novembre. Les gelées ne sont pas à redouter et les plants peuvent se développer suffisamment, pendant l'hiver et le printemps, pour résister le plus souvent, sans être arrosés, aux chaleurs de l'été.

Cette époque peut être adoptée pour la plus grande partie de la première zone et même pour une partie de la deuxième ; ailleurs, il est préférable de semer en février ou mars[1].

Lorsque les arrosages ne sont pas nécessaires, les travaux d'entretien consistent seulement en sarclages pour enlever les herbes et en binages pour cultiver le sol.

---

[1] Les graines de certaines essences (cèdre, chêne-yeuse, chêne-liège, thuya, orme, frêne, micocoulier) ne germent qu'en hiver ou au commencement du printemps. Il convient de stratifier celles de ces graines qui sont sèches et peu charnues.

Etablissement d'une pépinière de 2 ares. — Devis.

Défoncement à 0ᵐ 50, nivellement du sol et engrais......................	30 fr.
Plates-bandes et semis...............	14
12 kilogr. de graines diverses à 1 fr..	12
63ᵐ de fossé de clôture, de 1ᵐ 50 d'ouverture à 0 fr. 70.................	44
TOTAL...........	100

EXÉCUTION DES PLANTATIONS. — Lorsque le terrain à boiser est à l'état de makis, il faut en effectuer le défrichement, en plein si l'on est à proximité d'un centre permettant de tirer parti des produits de l'opération, ou, par bandes de 2 mètres de largeur séparées par des bandes incultes de même dimension, dans le cas où l'éloignement de tout centre rendrait trop coûteuse la culture de toute la superficie.

Lorsque le terrain a été défriché, ou lorsqu'il est simplement couvert d'herbes, on y ouvre, avec la pioche et la bêche, des trous ou des fossés de 0ᵐ 45 à 0ᵐ 60 de profondeur. Cette culture profonde a pour but de maintenir la fraîcheur du sol et de favoriser le géotropisme positif des racines. A Baïhnen, on a soin de disposer la terre autour de chaque potet de manière à former un petit bassin où viennent se réunir les eaux pluviales.

Il est avantageux de creuser les trous à l'avance dans les terres compactes. Pour les confectionner dans les sols frais et fertiles, surtout dans la troisième zone, on peut employer une bêche circulaire qui permet d'opérer avec beaucoup de rapidité, ou mieux encore les instruments de plantation dus à M. Prouvé.

Les trous, ou potets, sont disposés en ligne et de manière à former des rectangles, des carrés ou des triangles.

Le tableau suivant indique le nombre de plants à employer par hectare, suivant la disposition adoptée pour les potets et suivant leur distance [1].

---

[1] Lorentz et Parade. *Culture des bois*, p. 607.

ESPACEMENT	NOMBRE DE PLANTS sur un hectare		OBSERVATIONS
	par triangles équilatéraux	par carrés	
mèt. c.			
0 66	26.515	22.957	On n'a pas fait figurer sur ce tableau la plantation en allées, parce que le nombre
1 »	11.550	10.000	de plants, à employer par hectare, dépend
1 33	6.529	5.653	de leur nombre sur une même file et du nombre des files.
1 66	4.190	3.628	Le produit de ces dernières quantités fait
2 »	2.888	2.500	connaître le nombre cherché.
3 »	1.283	1.111	Quant au tracé par triangles isocèles ou quinconces qui ne figure pas non plus ici, il
4 »	722	625	est évident qu'il admet le même nombre de tiges que celui par carrés, pourvu, toutefois,
5 »	462	400	que les côtés des carrés soient égaux aux petits côtés des triangles.
6 »	321	278	
7 »	236	204	
8 »	180	156	

Lorsque les trous ont été confectionnés avec la pioche et la bêche, ce qui doit être le cas général en Algérie, on commence par les remplir en partie, pour exécuter la plantation, puis on place les plants verticalement et on entoure avec soin les racines de terre provenant des couches superficielles ; on achève de remplir et on tasse légèrement la terre[1]. Les plants sont ensuite arrosés immédiatement au moyen d'eau pluviale recueillie dans de petites mares que l'on a soin de creuser dans le fond

---

[1] L'emploi d'engrais ne peut être que très avantageux. H. Seguinard, *Revue des Forêts*. Décembre 1885.

des plis de terrain; ce seul arrosage suffit pour les plantations de Baïhnen.

Plantation sur 1 hectare de terrain dénudé et très sec.
Devis.

2,500 potets carrés de 0ᵐ 50 de côté sur 0ᵐ 60 de profondeur, à 0 fr. 075 l'un	187 fr.	50
Extraction et transport des plants, à 0 fr. 015 par plant	37	50
Plantation à 0 fr. 02 par plant........	50	»
TOTAL............	275	»

PLANTS DE HAUTE TIGE. — Les opérations qui viennent d'être indiquées s'effectuent au moyen de plants d'un an ou de deux ans, c'est-à-dire au moyen de plants de basse tige.

On a recours aux plantations de haute tige (plants de 1ᵐ 50 et au-dessus), pour les arbres fruitiers et d'ornement.

Ainsi qu'on l'a vu précédemment, il est indispensable de s'adresser aux pépiniéristes pour obtenir des variétés d'arbres fruitiers d'une culture avantageuse.

L'extraction des plants de haute tige donne toujours lieu à la mutilation de quelques racines, quelles que soient les précautions adoptées. Les racines endommagées sont recepées avec soin et, afin de rétablir l'équilibre entre les organes souterrains et les organes aériens, on réduit ordinairement ces derniers par la section d'une partie des branches. Quelquefois même, pour certains arbres d'avenues, le plant est entièrement étêté.

Par suite de ces opérations, le transport des plants est rendu plus facile et on n'a pas à craindre de voir des branches brisées près de la tige, de manière à l'endommager. Pour effectuer ce transport, les racines sont enveloppées afin d'en maintenir la fraîcheur le plus possible.

Les dimensions à donner aux trous sont indiquées par l'espace occupé par l'ensemble des racines. Pour que ces racines puissent croître, au début, dans de la terre de bonne qualité, il est nécessaire d'adopter pour les trous des dimensions supérieures à celles qui seraient strictement nécessaires pour les loger. Ces dimensions varient, en général, de 0^m60 à 1^m dans les trois directions.

Pour effectuer la plantation, on dispose au fond de chaque trou une couche de bonne terre et d'engrais sur laquelle on place le plant verticalement, en ayant soin de donner autant que possible aux racines leur direction naturelle. Puis on remplit avec de la terre meuble que l'on tasse légèrement en approchant de la surface et on donne un fort arrosage.

Semis. — Les semis se font de préférence en automne, dans la première zone et dans une partie de la deuxième. Dans la troisième zone, ainsi que vers la limite et aux expositions froides de la deuxième, il est préférable de semer au commencement du printemps, afin d'éviter aux jeunes plants le danger d'être atteints par les gelées printanières. Ce danger est bien diminué dans l'intérieur des massifs, où les jeunes plants sont abrités par la couverture du sol et par le couvert des arbres.

Le sol est cultivé plus ou moins profondément, selon les climats et les essences. Sur les coteaux voisins du littoral, où l'atmosphère renferme toujours de l'humidité, un labour ordinaire peut être suffisant, mais à mesure qu'on pénètre dans l'intérieur du pays, il devient nécessaire d'augmenter la profondeur de la culture, et cela d'autant plus que l'altitude est moindre.

Dans le cas d'un labour ordinaire portant sur toute la superficie d'un terrain en pente douce, on sème en plein et avec une forte dose de graines, de manière à obtenir des jeunes plants assez serrés pour maintenir la fraîcheur du sol. On peut aussi, dans le même but et pour protéger les semis de petites graines contre les oiseaux, recouvrir le sol de branchages que l'on enlève après la première année.

Lorsqu'on a recours à une culture profonde avec la pioche et la bêche, et c'est le cas ordinaire, on effectue le semis par potets carrés ou rectangulaires.

On cultive aussi souvent le sol par bandes horizontales continues et, dans ce cas, on peut semer par lignes
non interrompues.

Semis de chêne-liège par potets sur un hectare de terrain
dénudé. Devis.

2,500 potets carrés de 0^m 45 de côté et
   0^m 30 de profondeur, à 0 fr. 04 l'un... 100 fr.
2 hectolitres de glands à 10 fr......... 20
Exécution du semis....... 30
                  TOTAL......... 150

ENTRETIEN DES PLANTATIONS ET SEMIS. — Les travaux
d'entretien consistent en sarclages pour l'enlèvement des
herbes et en binages destinés à maintenir l'ameublissement du sol. Ces opérations sont utiles surtout pour les
plantations et pour les semis en lignes continues ; elles
sont inutiles pour les semis serrés en plein, et rarement
indispensables pour les semis serrés par potets.
Mais ces derniers semis présentent l'inconvénient de
réunir un trop grand nombre de brins sur le même espace, de sorte que l'on est obligé d'en supprimer peu à
peu une partie, opération coûteuse tant que les produits
n'ont pas de valeur vénale.

CHAPITRE VII

MULTIPLICATION PAR DIVISION.

La multiplication par semis a permis d'améliorer les plantes cultivées et permet encore d'aller plus loin dans cette direction, car on ne saurait affirmer que la limite d'amélioration a été atteinte [1]. Cette limite existe toutefois, nécessairement, et il est souvent possible de l'indiquer ; ainsi l'accroissement en hauteur d'un arbre ne peut dépasser la limite à partir de laquelle cet arbre se romprait sous l'action de son propre poids.

Mais il existe un autre procédé de perpétuation des espèces végétales ; c'est la multiplication asexuée, qui consiste en ce que des portions détachées d'un individu sont susceptibles de le reproduire identiquemment, lorsqu'elles sont placées dans des conditions convenables [2]. Il suffit, pour cela, de séparer d'une plante des feuilles, des rameaux, des fragments de tiges ou de racines et de leur procurer la chaleur, la lumière et l'humidité nécessaires à toute végétation. Pour les végétaux qui peuvent être propagés de cette manière « l'impor-« tance du croisement est considérable, car elle permet « à l'horticulteur de négliger l'extrême variabilité des « hybrides et des métis et la fréquente stérilité des « premiers [3]. »

On améliore dans les espèces par le semis, mais on conserve les qualités acquises en ayant recours à la propagation ou multiplication par division. Il semble naturel d'admettre, il est vrai, que ce procédé ne doit pas donner, en général, des sujets très vigoureux, car les rameaux détachés d'un arbre ont l'âge de cet arbre, mais l'observation ne confirme pas cette supposition.

La multiplication par division peut se faire suivant deux procédés distincts : On peut ne séparer le rameau de la plante mère qu'après avoir provoqué en un point

---

(1) Darwln. *Origine des espèces*, p. 41.
(2) De Lanessan. *Introduction à la botanique*, p. 262.
(3) Darwln. *Origine des espèces*, p. 42.

de ce rameau la formation des racines, ou bien effectuer immédiatement la séparation.

Le premier procédé constitue le marcottage, le deuxième, le bouturage.

Une marcotte est une branche courbée, au printemps, dans la terre et mutilée ou tordue au point où l'on désire que l'enracinement se produise. Dès qu'il a eu lieu, on sépare de la plante mère la branche qui, de cette façon, a produit un individu semblable à celui dont il provient.

Lorsque les branches ne peuvent être courbées jusqu'au sol, on élève la terre au niveau de ces branches. Il suffit, pour cela, de faire passer le rameau à enraciner par le centre du pot renfermant la terre dans laquelle il doit végéter, ou bien d'employer des pots présentant une fente latérale prolongée jusqu'au centre.

La bouture est une portion d'un végétal, isolée complètement de ce végétal et placée dans les conditions normales de la végétation. Il faut observer que le bouturage d'un rameau ne reproduit exactement la plante d'origine que si la ramification est la même sur la tige et sur les branches.

On emploie, au commencement du printemps de préférence, des pousses d'un an ou de deux ans selon les espèces, d'une longueur de 15 à 40 centimètres, que l'on met en terre au moyen d'un plantoir, en laissant une saillie de 5 centimètres au-dessus du sol.

Dans certaines plantes, des bourgeons se développent près du collet de la racine et donnent naissance à des rejets. Ces rejets arrachés de la tige et mis en terre s'enracinent promptement. On peut aussi utiliser, dans le même but, les drageons qui se développent sur les racines elles-mêmes.

Pour certaines essences, la plupart des saules et quelques peupliers, on a recours à la bouture en plançon qui consiste à enfoncer dans le sol une branche ayant 2 à 4^m de longueur, sur 4 à 8 centimètres de diamètre, et complètement dépouillée de ses rameaux[1].

Lorsque les boutures ne réussissent pas à l'air libre, les horticulteurs ont recours à des cloches ou à des châssis, qui permettent de doser convenablement la chaleur et l'humidité.

---

[1] Lorentz et Parade. *Culture des bois,* p. 625.

CHAPITRE VIII

GREFFE.

Les procédés de propagation qui viennent d'être décrits ont pour but de former une plante de toutes pièces au moyen d'un fragment de plante. Une modification importante du bouturage est réalisée par le greffage [1] qui consiste à transporter des bourgeons ou des assemblages de bourgeons, provenant d'un végétal sur un autre végétal de la même espèce, ou d'une espèce voisine, ou même d'un genre voisin. La bouture, dans ce cas, porte le nom de scion, quand elle est formée par un rameau, et la plante nourricière celui de sujet.

Chez certains végétaux, des bourgeons adventifs se développent sur les racines et forment ce qu'on nomme des drageons (acacia, peuplier, pommier, prunier...) ; le même développement se produit pour des bourgeons transportés d'une plante sur les racines d'une autre plante. Enfin, le greffage peut se produire entre les racines elles-mêmes, ainsi qu'on l'observe fréquemment dans les massifs de pin maritime [2].

Cette opération permet de multiplier facilement certains arbres qui se reproduisent difficilement par boutures ordinaires. Elle procure, en outre, cet avantage de faire croître une espèce peu résistante sur d'autres plus rustiques, et cette propriété précieuse est actuellement mise à profit pour la vigne dans certaines régions.

Pour arriver à faire vivre, sur une plante, un bourgeon ou un scion, il suffit de mettre en contact leurs tissus fondamentaux extérieurs, et toute opération réalisant cette disposition constitue un procédé particulier de greffage.

La greffe en écusson consiste à introduire au-dessous

---

(1) Le greffage peut s'effectuer lors de la première ou de la deuxième sève.
(2) A. Mathieu. *Flore forestière*, p. 405.

de l'écorce d'un rameau, un bourgeon auquel un fragment d'écorce est resté adhérent. Après avoir pratiqué sur le sujet une entaille, en forme de T jusqu'au bois, on enlève sur le scion un bourgeon, avec un lambeau d'écorce, que l'on insère au-dessous de l'écorce du sujet; il suffit, pour terminer l'opération, d'effectuer une ligature avec un brin de laine. On a soin de ne conserver, avec le bourgeon, qu'un fragment de pétiole de 1 à 2 centimètres de longueur.

Dans la greffe en fente, des scions de 15 à 20 centimètres de longueur, taillés en biseau à la base sur une longueur de 3 ou 4 centimètres, sont insérés aux extrémités d'un diamètre de la tige d'un sujet, préalablement étêté horizontalement et fendu. On a soin de mettre en contact le tissu fondamental du scion et celui du sujet, et on assure la stabilité de cette disposition au moyen de terre glaise recouverte de mousse, ou d'une toile maintenue par un lien.

Dans la greffe anglaise, le scion et le sujet sont taillés en biseau en sens inverse et les deux surfaces sont réunies en ayant soin de mettre en contact les tissus fondamentaux ; puis, on assujétit le tout au moyen de ligatures. Une modification de ce procédé est la greffe en enfourchement dans laquelle le scion et le sujet sont taillés, l'un en forme de $\wedge$ et l'autre en forme de coin.

Dans la greffe herbacée, on met en contact les parties jeunes des plantes, gonflées de sève et en pleine végétation ; on a recours à ce procédé pour greffer les pins. L'opération s'effectue lorsque les jeunes pousses sont herbacées et fragiles.

CHAPITRE IX

TAILLE.

La taille a pour but de modifier les formes et les dimensions des arbres, ainsi que de régulariser et d'augmenter la production des fruits.

Le développement des organes aériens est en relation avec celui des organes souterrains, de sorte que si rien n'est modifié dans ces derniers, la suppression d'un rameau est compensée par le développement d'un rameau équivalent. Dans la taille des arbres fruitiers, on s'attache à favoriser le développement des bourgeons à fruits, au détriment des bourgeons à rameaux.

Les branches courtes [1] à fruits sont facilement reconnaissables ; elles portent des bourgeons qui, avant la floraison, sont plus gros et moins aigus que les bourgeons ordinaires.

Les arbres taillés fructifient régulièrement, ce qui n'a pas lieu pour les arbres abandonnés à eux-mêmes, qui constituent les massifs forestiers. Chez ces derniers surtout, les conditions météorologiques règlent le phénomène de la fructification et le dominent. Lorsque la gelée, par exemple, a détruit les fleurs des arbres d'un canton boisé, ces arbres végètent plus vigoureusement et ils deviennent susceptibles de supporter l'année suivante une plus grande quantité de fruits.

Toute opération ayant pour effet de modifier l'accroissement naturel d'un arbre fait partie de la taille, qui comprend ainsi la suppression partielle des bourgeons, des jeunes rameaux, des feuilles, des fleurs, des fruits et les incisions de l'écorce. Toutes ces opérations concourent au but indiqué au début du chapitre.

Les organes aériens des plantes étant négativement géotropiques, l'accroissement atteint sa plus grande

---

[1] Les branches à fruits sont parfois longues et grêles (pêcher).

énergie vers l'extrémité des tiges et des branches. Il est donc nécessaire, pour répartir également la force végétative, de modifier cette disposition, soit par le pinçage dans le cours de la végétation, soit par la taille proprement dite, c'est à dire par le raccourcissement des tiges et des rameaux pendant l'intervalle de repos compris entre l'automne et le printemps. On peut remplacer en partie ces opérations par l'enlèvement d'un certain nombre de bourgeons, avant leur développement.

Lorsque les fleurs, ou les fruits, sont en trop grand nombre, il est utile d'en supprimer une partie.

Les incisions transversales de l'écorce produisent l'effet du pinçage ; quant aux incisions longitudinales, elles favorisent l'accroissement en diamètre de la partie de branche ou de tige sur laquelle elles ont été effectuées.

CHAPITRE X

RENSEIGNEMENTS SUR QUELQUES ARBRES FORESTIERS OU FRUITIERS [1].

ACACIA. — On comprend habituellement sous la dénomination d'acacias ou de mimosas, les arbres des deux genres albizzia et acacia.

Dans les tout jeunes plants les feuilles sont bipennées, mais, chez un certain nombre d'espèces australiennes, le pétiole se dilate peu à peu, de manière à présenter l'aspect d'un limbe foliacé, et, dès la fin de la première année, les feuilles se trouvent remplacées par des phyllodes (acacias melanoxylon, pycnantha, cyanophylla, calamifolia, longifolia, leiophylla...) ; les jeunes plants de quelques mois portent souvent en même temps des feuilles bipennées, des phyllodes et des feuilles en voie de transformation, c'est-à-dire présentant un pétiole plus ou moins dilaté.

La floraison a lieu, selon les espèces, de février à novembre, et la fructification de septembre à avril.

La maturation est généralement annuelle, parfois bisannuelle (acacia dealbata).

Ils produisent de bonne heure des graines fertiles, de la troisième à la cinquième année en général.

La reproduction par voie de semis s'effectue sans difficulté ; toutefois, la graine de l'acacia decurrens doit être plongée dans l'eau chaude (à la température de 45° environ) et y être maintenue pendant douze heures à peu près, avant d'être semée [2]. En outre, un certain nombre de mimosas (acacias arabica, Lebbek, procera...) peuvent être multipliés par boutures.

---

(1) Les essences indiquées ont été classées selon leur importance résultant de l'utilité de leurs produits ou l'étendue de leur habitation.

(2) Howitz. *Notice sur l'acclimatation de l'eucalyptus*, traduction de M. Denis, *Bulletin de la Direction des forêts*, fascicule A, p. 137.

Quelques-uns (acacias arabica, leiophylla...) repoussent de souche et les acacias dealbata, lophantha et melanoxylon drageonnent abondamment.

La plupart sont des essences de lumière; aussi les jeunes plants peuvent végéter sans abri.

Leur aire d'habitation est parfois très étendue; ainsi l'acacia Lebbek se rencontre en Asie, en Amérique, en Afrique (Egypte et Afrique tropicale), en Australie et dans l'île de la Réunion [1].

Leur station est très variée; toutefois, en général, ils redoutent les gelées; les acacias Arabica et Lebbek souffrent fréquemment du froid au Panjab [2].

Les acacias spirorbis et laurifolia croissent, de préférence, dans les terres sableuses des plages maritimes; ils retiennent et fixent les sables abandonnés par les eaux de la mer [3]. L'acacia leiophylla résiste aussi parfaitement aux vents de mer.

Les acacias myriadena, granulosa et procera se rencontrent surtout dans les terres parfaites; les acacias arabica et julibrissim croissent dans les sols rocailleux, mais frais, des plaines et des coteaux; les acacias leucophlæa et rupestris couvrent les collines à terres très sèches recevant moins de 30 centimètres de pluies annuelles; enfin les acacias decurrens, mollissima, leiophylla, pycnantha et cyanophylla, ces deux derniers surtout, végètent dans toutes les terres et redoutent peu la sécheresse.

La croissance est, le plus souvent, rapide; ainsi, au Télégraphe, dans une terre sablo-calcaire, à 180 mètres d'altitude et à 1,000 mètres environ de la mer, un acacia pycnantha, de l'âge de 13 ans, mesure 1^m 02 de circonférence, à 1^m 33 du sol, sur 8 mètres de hauteur totale. Les mêmes dimensions sont de 0^m 72 sur 5 mètres pour un acacia dealbata, de l'âge de 13 ans, et de 0^m 55 sur 4 mètres pour un acacia calamifolia de l'âge de 8 ans.

A Baïhnen, dans une terre argilo-sableuse, à 100 mètres d'altitude et à 600 mètres de la mer, on rencontre un certain nombre d'acacias melanoxylon, de l'âge de

---

(1) Brandis. *Forest Flora of north-west and central India,* p. 176.
(2) Brandis. *Forest Flora,* p. 177-181.
(3) H. Sebert. *Notice sur les bois de la Nouvelle-Calédonie,* p. 262-263.

15 ans, provenant de semis effectué en mélange avec le pin d'Alep ; le plus développé présente 0ᵐ75 de circonférence et 7 mètres de hauteur totale.

L'écorce des acacias renferme, en général, beaucoup de tannin ; ils produisent de la gomme employée en teinture et leur bois est utilisé pour l'ébénisterie, la menuiserie, le tour, le charronnage et la fente.

L'acacia arabica (Indes, Perse, Afghanistan et Arabie), atteint 15 à 18 mètres de hauteur, sur 1ᵐ50 à 1ᵐ80 de circonférence. Le bois parfait, d'une teinte rouge pâle et d'un grain serré, est employé pour le charronnage. Il produit de l'écorce et de la gomme très estimées [1].

L'acacia dealbata (silver-wattle) (Australie), est un bel arbre d'ornement, de petite taille ; l'écorce est utilisée pour son tannin et le bois flexible, élastique et léger est recherché pour la tonnellerie [2].

L'acacia decurrens (silver-wattle, green-wattle ou black-wattle) (Australie), produit de la gomme employée en teinture et une écorce renfermant 20 à 30 p. 100 de tannin [3]. Il atteint 0ᵐ60 de diamètre et 9 à 12 mètres de hauteur. [4]. Son bois est léger, résistant et flexible ; il est recherché pour la tonnellerie et fendu dans ce but en douves de 0ᵐ51 à 1ᵐ52 (de 20 pouces à 5 pieds anglais) [5].

L'acacia glaucescens (bastard-myall) (Australie), atteint une hauteur de 24 mètres et un diamètre de 0ᵐ60 ; son bois est dur et de teinte foncée [6].

L'acacia Lebbek (bois noir de la Réunion), atteint 12 à 18 mètres de hauteur, sur 1ᵐ50 à 2 mètres de circonférence. Le bois parfait, rouge-brun foncé, est très durable et prend un beau poli. Il est recherché pour l'ébénisterie et le charronnage ; l'écorce produit de la gomme [7].

---

(1) Brandis. *Forest Flora*, p. 181.

(2) Ch Moore. *On the Woods of New South Wales*, p. 28.

(3) Howitz. *Bulletin de la direction des forêts*, fascicule A, p. 147.

(4) Ch. Moore. *Woods of New South Wales*, p. 28.

(5) Julian E. Tenison-Woods. *Tasmanian Forests : Their Botany and Economical Value*, p. 10.

(6) Ch. Moore. *Woods of New South Wales*, p. 28.

(7) Brandis. *Forest Flora*, p. 177.

L'acacia leucophlæa (Ouest et Sud de l'Inde, Ceylan, Birmanie, Java), atteint parfois 1ᵐ 80 de circonférence ; son écorce est recherchée et son bois prend un beau poli. Il végète avec une hauteur annuelle de pluie inférieure à 30 centimètres, mais il n'atteint alors que de faibles dimensions [1].

Le bois brun foncé de l'acacia melanoxylon (black-wood), est employé en Australie pour les barils destinés à renfermer de l'huile. Il atteint, dans les terres parfaites, une hauteur de 25 mètres et sa tige a plusieurs pieds (anglais) de diamètre. Son bois est fendu en douves de 1ᵐ 83 (6 pieds anglais), de longueur ; il est également très recherché pour l'ébénisterie, pour les voitures de chemins de fer, les tables de billard, les tables d'harmonie des pianos [2].

L'acacia pendula (myall) (Australie), est un arbre de petite taille, dont le bois, dur, d'un grain serré et bien connu par son odeur de violette, est recherché par les tourneurs et les ébénistes [3].

L'acacia pycnantha (golden-wattle) Australie), est comparable à l'acacia decurrens [4].

Les acacias cyanophylla et leiophylla (Australie), sont surtout appréciés pour leur écorce.

Les acacias peuvent être avantageusement cultivés dans la première zone ; on peut avoir recours au semis ou à la plantation.

Pour le semis de l'acacia pycnantha, il convient d'employer, après un labour profond suivi d'un hersage [5], 20 kilogrammes de graine environ, afin d'obtenir un jeune peuplement suffisamment serré pour maintenir la fraîcheur du sol. Il est indispensable, dans ce cas, de desserrer peu à peu les jeunes plants, afin qu'ils puissent se développer.

La plantation par potets, à 2 mètres de distance, au moyen de plants, provenant de semis en terrines suivi d'un repiquement en pots trois semaines après la ger-

---

(1) Brandis. *Forest Flora*, p. 184.
(2) Julian E. Tenison-Woods. *Tasmanian Forests*, p. 10.
(3) Ch. Moore. *Woods of New South Wales*, p. 28.
(4) Howitz. *Bulletin de la direction des forêts*, fascicule A, p. 144.
(5) Howitz. *Bulletin de la direction des forêts*, fascicule A, p. 147.

mination, est un procédé plus sûr et qui paraît préféra-ble, surtout pour de faibles contenances à boiser.

On rencontre à Baïhnen, en mélange avec le pin d'Alep, dans un massif de l'âge de 15 ans, un certain nombre d'acacias melanoxylon provenant de graines semées en même temps que les graines de pin. Le sol est argilo-sableux, de profondeur moyenne, l'altitude est de 100 mètres environ et l'exposition est celle du Nord-Ouest. Ces arbres sont en excellent état de végé-tation ; l'un d'eux atteint, à 1^m 33 du sol, 0^m 75 de cir-conférence et sa hauteur totale est de 7 mètres.

Depuis plusieurs années déjà, ces acacias, semés en 1870, produisent des graines fertiles et ces graines, dis-séminées par les vents et par les eaux pluviales, ont germé et donné naissance à des jeunes plants qui végè-tent vigoureusement sous le couvert très léger du pin.

En outre, les racines produisent des drageons abon-dants, de sorte que l'on peut prévoir qu'à bref délai le terrain sera occupé par l'acacia melanoxylon, au détri-ment du pin d'Alep. On a donc ici un exemple d'une na-turalisation complète et d'un envahissement d'une es-sence exotique, analogue à ceux qui ont été indiqués au chapitre IV.

On est, par conséquent, en droit de compter sur l'aca-cia melanoxylon pour améliorer et transformer une partie des forêts de pin d'Alep de la première zone. Le couvert de cet acacia, assez épais quoique ses feuilles soient remplacées par des phyllodes, ombrage bien le sol et son bois, d'excellente qualité, est susceptible, par suite de ses emplois multiples, d'acquérir beaucoup plus de valeur que celui du pin d'Alep.

Pour introduire l'acacia melanoxylon dans les mas-sifs de pin, il suffira très probablement de répandre de la graine à la volée, à l'époque des pluies d'automne, soit sur le sol à l'état naturel, soit après un léger her-sage au moyen d'un râteau en fer.

Il paraît toutefois préférable d'avoir recours au pro-cédé plus sûr de la plantation ; 50 plants par hectare environ permettront d'obtenir, après 12 à 15 ans, un mélange suffisant.

EUCALYPTUS. — Les graines d'eucalyptus sont dimorphes dans chaque loge de la pyxide qui les renferme ; les unes sont arrondies et fertiles, les autres, linéaires et stériles [1].

Parmi les nombreuses espèces d'eucalyptus, l'eucalyptus globulus a été surtout cultivé, au début, en Algérie, mais depuis quelques années on lui préfère d'autres espèces, les eucalyptus rostrata, resinifera.

Cette essence occupe, en Australie, les stations les plus variées. L'eucalyptus rostrata préfère les plaines à sol profond, les eucalyptus globulus, viminalis, resinifera et diversicolor croissent dans les ravins et les vallées fraîches, les eucalyptus marginata, melliodora, siderophloia, obliqua et leucoxylon végètent dans les régions montagneuses où la sécheresse est à craindre, les eucalyptus gunnii et alpina ne redoutent pas les gelées, enfin les eucalyptus brachypoda et doratoxylon croissent dans les sols stériles et exposés aux sécheresses prolongées [2].

Les noms vulgaires adoptés en Australie pour ces divers eucalyptus sont les suivants : eucalyptus globulus (blue-gum), resinifera (red-mahogany, red-gum, ou leather-jacket), diversicolor (karri), viminalis (flooded-gum ou drooping-gum), rostrata (red-gum, flooded-gum ou spotted-gum), marginata (jarra), melliodora (honey-gum), obliqua (stringy-bark), leucoxylon (red-ironbark), gunnii (mountain-gum ou yellow-box), brachypoda (desert-gum), doratoxylon (spear-wood) et siderophloia (ironbark) [3].

La plupart de ces arbres sont de très grande taille ; en Algérie, la floraison a lieu en octobre et la maturation un an plus tard environ.

Leur bois est résistant, élastique et de longue durée : il est recherché pour la charpente et pour la construction des navires. Le plus apprécié, en Australie, est le bois de l'eucalyptus siderophloia (iron-bark) qui, dans certaines circonstances, paraît indestructible [4].

---

(1) Le Maout et Decaisne. *Traité général de botanique*, p. 294.

(2) Howitz. *Bulletin de la direction des forêts,* fascicule A, p. 143 à 146.

(3) Howitz. *Bulletin de la direction des forêts,* fascicule A. — Ch. Moore. *Woods of New South Wales.* — Julian E. Tenison-Woods. *Tasmanian Forests.*

(4) Ch. Moore. *Woods of New South Wales,* p. 7.

Le bois de l'eucalyptus obliqua (stringy-bark) est facile à travailler : il est habituellement débité en bois de sciage. Mais pour tous les emplois qui exigent de la longueur, de la force et de la durée, le bois de l'eucalyptus globulus est particulièrement recherché. Il convient, plus que tout autre, pour les quilles, contre-quilles, baux, courbes et poutres à longue portée ; le bois le meilleur est celui qui est détaché à peu près à égale distance entre le centre de l'arbre et son écorce [1].

Lorsque l'eucalyptus globulus est jeune (moins de 30 ans), son bois doit être immergé dans l'eau pendant un certain temps avant d'être employé [2].

Les eucalyptus sont cultivés dans la première zone. Ils redoutent le froid ; pourtant, dans certaines hautes vallées de la Tasmanie, la neige séjourne autour des arbres pendant six mois de l'année au moins [3].

L'accroissement en diamètre et en hauteur se produit rapidement lorsque le sol renferme une quantité d'eau suffisante pour une transpiration abondante ; les couches concentriques de l'eucalyptus globulus se forment au nombre de deux par an [4].

L'eucalyptus globulus repousse bien de souche.

Dans un massif d'arbres de cette espèce, de l'âge de 13 ans, situé au Télégraphe, la circonférence moyenne à 1^m 33 centimètres du sol, est de 0^m 75 centimètres et la hauteur moyenne de 18 mètres. La terre sablo-calcaire est de profondeur moyenne ; l'altitude est de 180 mètres.

A Baïhnen, le principal massif d'eucalyptus globulus, de l'âge de 17 ans, occupe un plateau situé à l'altitude de 270 mètres environ. Le sol, peu profond, est argilo-sableux. Le nombre des tiges est de 1,200 par hectare, la circonférence moyenne, à 1^m 33 centimètres du sol, de 0^m 55 centimètres et la hauteur moyenne de 16 mètres. Lorsque le sol est profond et frais, la croissance est beaucoup plus rapide, ainsi que l'indiquent les euca-

---

(1) Julian E. Tenison-Woods. *Tasmanian Forest,* p. 10.
(2) Howitz. *Bulletin de la direction des forêts,* fascicule A, p. 113.
(3) Julian E. Tenison-Woods. *Tasmanian Forest,* p. 5.
(4)　　　　　　　id.　　　　　　　　p. 6.

lyptus plantés près d'Aïn-Baïhnen, dont plusieurs ont une hauteur de 30 mètres et dont l'un atteint, à 1ᵐ 33 du sol, une circonférence de 1ᵐ 52 centimètres; ils sont âgés de 17 ans.

Les jeunes plantations d'eucalyptus de Baïhnen, faites dans de bonnes conditions de sol, sont en excellent état de végétation.

M. Howitz indique le semis comme procédé de multiplication à adopter pour l'eucalyptus. Le sol étant préparé au moyen d'un labour en plein ou d'un fort hersage dans les parties en plaine ou en plateau, ou cultivé par bandes horizontales dans les parties en pente, on répand la graine mélangée avec trois fois son volume environ de terreau sec et pulvérulent et on la recouvre d'une épaisseur de terre de 6 à 8 millimètres [1].

Le massif du plateau de Baïhnen a été obtenu presqu'en entier par ce procédé. Après un labour en plein à la charrue, la graine a été répandue, à raison de 100 grammes par hectare, dans des sillons de quelques centimètres de profondeur, puis recouverte de 5 à 10 millimètres de terre; la distance entre les sillons était de 2 mètres. Le semis a eu lieu au commencement du mois de septembre et a donné des résultats très satisfaisants. Mais, à cause de son défaut de profondeur et de fraîcheur, le sol n'était pas propre à la culture de l'eucalyptus globulus; aussi, la croissance, très rapide au début, est devenue lente depuis plusieurs années déjà.

Les jeunes massifs d'eucalyptus de Baïhnen, ainsi que les nombreux arbres de cette essence disséminés sur les bords des chemins et les berges des ravins proviennent tous de plantations. Le semis a eu lieu en terrine, puis les jeunes plants ont été repiqués en pots à l'âge de trois semaines environ et mis en place à l'époque des pluies d'automne.

OLIVIER — La patrie de l'olivier (Olea europœa), qui, dans les temps préhistoriques, était probablement limitée à la Syrie et à la Grèce[2], est actuellement extrê-

---

(1) Howitz. *Bulletin de la direction des forêts*, fascicule A, p. 141.
(2) A. de Candolle. *Origine des espèces cultivées*, p. 229.

mement étendue. La forme sauvage, oleaster, se rencontre depuis le Panjab jusqu'au Portugal et au Maroc et elle occupe tout le bassin de la Méditerranée [1].

L'olivier ne redoute pas les climats secs ; ses racines, pivotantes et traçantes, extrêmement développées lui permettent de végéter dans des sols ingrats. On le rencontre surtout dans la première zone, où il occupe de préférence les versants situés aux expositions chaudes. Sa longévité est considérable , car on connaît des oliviers de plus de dix siècles [2].

Lorsque sa tige a été détruite par un accident, elle est remplacée par un rejet de souche; aussi, on rencontre en Algérie des massifs d'oliviers dont on peut dire qu'ils sont « des arbres vieux comme le monde, qui pourrissent et renaissent d'eux-mêmes [3]. »

Sa croissance est lente. Il exige beaucoup de lumière pour se développer et pour fructifier, de sorte qu'il ne doit pas être cultivé en massif serré ; l'espacement des tiges doit varier de 8 à 12 mètres.

Il se reproduit facilement de semence et repousse bien de souche. Son bois est recherché pour les menus objets d'ébénisterie, mais il est surtout avantageusement cultivé pour l'huile que l'on extrait de ses fruits [4]. La floraison a lieu en mai et la maturation en octobre et novembre.

L'oleaster est très abondant dans la première zone et une grande partie des makis peuvent être mis en valeur par le greffage des pieds d'olivier sauvage qu'ils renferment. On peut employer la greffe en fente, en couronne ou en écusson. En Algérie, on détruit souvent entièrement la tige et on greffe sur une racine principale; on obtient ainsi un rejet de forme régulière et de croissance rapide. On peut aussi le multiplier par boutures ou par rejetons provenant de pieds francs, plantés à la distance de 10 mètres environ.

Son introduction, par pieds isolés ou par lignes, dans

---

(1) A. de Candolle. *Origine des espèces cultivées,* p. 223.

(2)   id.   p. 223.

(3) E. Renan. *Le Prêtre de Nemi,* p. 37.

(4) Le rendement annuel d'un hectare d'oliviers en rapport est d'environ 500 francs.

les terres de culture ne peut être qu'une opération avantageuse, car on peut compter sur une bonne récolte tous les deux ans et la production de l'huile peut être augmentée longtemps encore, sans qu'il y ait lieu de redouter l'avilissement des prix.

PIN. — Le pin d'Alep, extrêmement répandu en Algérie, croît à toutes les expositions et sur tous les sols, pourvu qu'ils ne soient pas trop humides ; toutefois, il préfère les terres argilo-calcaires et sablo-calcaires. Il se rencontre surtout dans les deux premières zones, mais pénètre aussi dans la troisième.

Dans la deuxième zone, il atteint, à l'âge de 80 ans, un diamètre de 0^m 45 à 0^m 60, à 1^m 33 du sol, avec une hauteur de bois de service de 10 à 12 mètres.

Ses racines sont pivotantes et traçantes. Il craint peu la gelée et la neige. Son bois, employé pour la charpente et la menuiserie, sèche rapidement et travaille peu ; il fait preuve d'une durée remarquable lorsqu'il est exposé aux intempéries et aux variations de température. Il convient pour les poteaux télégraphiques et les traverses de voies ferrées.

Il produit de la résine et son écorce est utilisée pour le tannage.

Son couvert est très léger et permet d'introduire dans les massifs des essences plus utiles au point de vue de l'amélioration du sol.

Il se reproduit très facilement de semence, surtout à la suite des incendies. Le jeune plant, qui ne redoute pas l'insolation directe, a une croissance rapide.

Les cônes se récoltent au mois de mai de la troisième année qui suit la floraison [1], laquelle a lieu en mars ou avril.

Les terrains de Baïhnen présentent des peuplements de pin d'Alep provenant de semis et de plantations et qui sont en bon état de végétation.

Les semis ont été effectués en plein, après un labour précédé du défrichement du makis. On a employé 20 kilogs de graine par hectare afin d'obtenir un recru très serré

---

[1] A. Mathieu. *Flore forestière,* p. 403.

et capable de supporter, sans arrosage, les chaleurs de l'été. Les semis étaient, en outre, recouverts de branchages pendant la première année.

Depuis plusieurs années, on a recours, de préférence, à la plantation à deux mètres qui fournit des tiges mieux développées que celles qui proviennent de semis ; on emploie des plants d'un an, mis en place, par touffes, pendant les pluies de l'automne.

Le pin maritime (pinus pinaster), convient aux terres argilo-sableuses ou sablo-argileuses. Cet arbre, susceptible d'acquérir de fortes dimensions, croît rapidement. Ses racines, qui se développent dans toutes les directions, lui permettent d'être peu exigeant en ce qui concerne la nature du sol. Son couvert est moyennement épais. Il ne redoute pas les froids peu intenses de l'Algérie.

Son bois, d'assez bonne qualité, est d'un grain moins fin que celui du pin d'Alep ; il paraît moins durable.

La récoltes des cônes a lieu en février ou mars de la troisième année [1] qui suit la floraison, laquelle se produit en mars ou avril. On peut le semer ou le planter en mélange avec le chêne-liège.

Le pin pinier (pinus pinea), est disséminé dans les sols profonds de la première zone. Il peut atteindre 30 mètres de hauteur et 5 à 6 mètres de circonférence [2]. Son bois est recherché pour la charpente et il mérite d'être introduit dans les jeunes peuplements d'autres essences, lorsque la profondeur du sol le permet.

Le jeune plant ne redoute pas l'insolation directe. Elevé en pépinière, son pivot présente, à l'automne de la première année, une longueur moyenne de $0^m 60$.

La maturation est très annuelle ; la floraison a lieu en avril et la récolte des cônes peut se faire au mois de février de la quatrième année [3].

Cette essence n'étant pas susceptible de croître en massif, on ne peut avoir recours au semis en plein. On doit donc le planter, par pieds isolés, en mélange avec

---

(1) A. Mathieu. *Flore forestière*, p. 404.
(2)   Id.   p. 411.
(3)   Id.   p. 411.

des essences de plus faible taille, avec des acacias, par exemple.

Le pin à longues feuilles (pinus longifolia), originaire de l'Himalaya et répandu entre l'Indus et le Bhutan [1], est cultivé depuis quelques années en Algérie. Les jeunes arbres de cette essence qui se trouvent au Télégraphe végètent vigoureusement.

Le bois du pinus longifolia est employé pour les constructions, pour les boîtes destinées à l'emballage du thé, pour les toitures en bardeaux, mais, en général, il présente peu de durée et ne résiste pas à l'humidité [2].

CHÊNE. — CHATAIGNIER. — Le chêne-vert, à feuilles persistantes (quercus ilex), comprend deux variétés, l'yeuse et le ballotte. Il est répandu partout, mais c'est dans la deuxième zone qu'il présente la plus belle végétation. Il croît également bien dans les terres calcaires ou siliceuses ; il végète surtout vigoureusement dans les sols légers et divisés, mais profonds et, par conséquent, suffisamment frais. Il ne redoute ni la neige ni la gelée. Ses fortes racines se développent suivant toutes les directions.

La floraison a lieu en avril et la maturation en octobre de la même année. Le gland, mis en terre, germe au printemps et le jeune plant se développe en pleine lumière.

Il repousse bien de souche lorsqu'il est jeune et drageonne abondamment à tout âge. Son couvert est épais ; on le rencontre souvent en mélange avec le pin d'Alep.

Sa croissance, assez rapide dans le jeune âge, surtout chez les rejets de souche, devient lente à partir de 35 à 40 ans ; il atteint, à 150 ans, un diamètre de 0^m 50 et une hauteur de 15 à 18 mètres.

Dans les arbres âgés le bois devient brun foncé, souvent noir par places, et pourrait être utilement employé en ébénisterie. Les brins de taillis peuvent fournir des

---

(1) Brandis. *Forest Flora,* p. 506.
(2)   Id.   p. 507.

manches d'outils ; avec de plus fortes dimensions le bois est utilisé pour le charronnage, les outils de menuiserie et les dents d'engrenage. Son écorce est recherchée pour le tannage et le gland de la variété ballotte est comestible.

Le zeen ou tacheta (quercus Mirbeckii), à feuilles persistantes jusqu'au commencement du printemps, se trouve spontané dans les deuxième et troisième zones, surtout aux expositions fraîches, mais on peut l'introduire dans la première zone.

Dans la deuxième zone, il croît en mélange avec le chêne-liège auquel il tend à se substituer. Sa croissance est assez rapide ; à l'âge de 150 ans, il atteint 0ᵐ 50 centimètres à 0ᵐ 60 de diamètre, à 1ᵐ 33 du sol, et 18 à 23 mètres de hauteur de bois de service.

Son couvert est moyennement épais. Il fleurit en mai et la maturation a lieu en novembre de la même année.

Son bois peut être utilisé pour la charpente et la fente ; son écorce est estimée.

L'afarez (quercus castaneœfolia) à feuilles persistantes jusqu'au commencement du printemps, se trouve en mélange avec le zéen dans la troisième zone et dans une partie de la deuxième, à partir de 1,000 mètres environ. Son bois est analogue à celui du zéen.

Le chêne-liège (quercus suber), à feuilles persistantes, le plus précieux du genre, occupe les terrains siliceux des deux premières zones. Sa croissance est assez lente; ce n'est que placé dans des conditions favorables qu'il atteint, à l'âge de 15 ans, la circonférence de 0ᵐ 30 centimètres à partir de laquelle on pratique le démasclage.

Son bois convient à la menuiserie et son écorce fournit un tan très estimé, mais on a rarement l'occasion de l'exploiter pour utiliser ces produits, car sa longévité est considérable et on a tout intérêt à le conserver le plus longtemps possible pour la production du liège.

Son couvert est léger. Ses racines, très fortes, suivent toutes les directions. Il repousse bien de souche. La floraison a lieu en avril et la maturation en octobre et novembre. La germination se produit au printemps ; le jeune plant ne redoute pas la lumière directe.

On a recours habituellement au semis, de préférence

à la plantation, pour créer des massifs de chêne-liège. A Baïhnen, après défrichement, le sol est pioché à 0^m 30 centimètres de profondeur, par bandes continues horizontales, de 0^m 30 de largeur, espacées de 1^m 20 centimètres d'axe en axe. Les glands de chêne-liège sont repiqués, par groupes de 3 à 5, à la distance de 1^m 20 ; de sorte qu'on en emploie environ deux hectolitres par hectare ; ils sont recouverts de 20 à 25 millimètres de terre.

Le châtaignier (castanea vulgaris) se trouve spontané dans les montagnes de l'Edough et dans le voisinage de la frontière tunisienne [1]. Il fleurit en juin [2] et ses fruits mûrissent en octobre ; son couvert est assez épais.

Le châtaignier repousse très bien de souche et la croissance des rejets est rapide. A l'âge de 24 ans, il peut être utilisé pour la fente et son bois est très recherché pour cet emploi dans les Pyrénées-Orientales.

On pourrait le cultiver dans les terres siliceuses des deux premières zones, en procédant par voie de plantation, en automne, à la distance de 2 mètres.

CÈDRE. — Le cèdre de l'Atlas (Cedrus Atlantica) se rencontre dans les terres argilo-calcaires ou argilo-sableuses de la troisième zone, dans l'Ouarsenis, près de Teniet-el-Haâd, dans les montagnes de Blida et dans le Jurjura ; il existe par pieds isolés dans la deuxième zone.

Son couvert est épais. Il est fixé au sol par de fortes racines qui pénètrent profondément dans toutes les directions.

La floraison a lieu en septembre et les cônes peuvent se récolter deux ans plus tard environ. Le jeune plant croît lentement ; il est sensible aux gelées et supporte assez bien le couvert.

Le cèdre atteint, à l'âge de 125 ans, un diamètre de 0^m 75 et une hauteur de 15 mètres de bois de service. Sa longévité est considérable ; une tige de 1^m 80 de dia-

---

(1) M. Letourneux, dans : A. de Candolle, *Origine des espèces cultivées*, p. 283.

(2) A. Mathieu. *Flore forestière*, p. 223.

mètre, récemment exploitée, était âgée de 310 ans.
(Teniet-el-Haâd).

Son bois, excellent pour la menuiserie et l'ébénisterie
et employé aussi dans les constructions, est de longue
durée. Dans des portions de tiges abandonnées en forêt
et exposées depuis 30 ans environ à toutes les intempéries, le bois parfait est encore actuellement parfaitement sain (Teniet-el-Haâd).

Il y a donc un grand intérêt à introduire cette essence
en mélange dans les massifs de chêne ou de pin d'Alep
de la troisième zone. On obtiendrait, à la suite de ce
mélange, des produits d'une plus grande valeur, ainsi
qu'un sol amélioré à cause du couvert. épais du cèdre
et de la rapidité avec laquelle ses aiguilles produisent
du terreau.

Dans l'étendue de son habitation naturelle, le jeune
plant est protégé par la neige contre les froids de l'hiver. Pour l'introduire à des altitudes plus faibles, il est
donc prudent d'employer des plants élevés en pépinière
pendant deux ans au moins.

Le petit massif du Télégraphe a été obtenu par voie
de plantation.

CAROUBIER. — Le caroubier (ceratonia siliqua), originaire de l'Orient de la région méditerranéenne (1), est
naturalisé depuis longtemps en Algérie où il occupe,
dans la première zone, les terres argilo-calcaires, rocailleuses et peu éloignées de la mer. Cet arbre, à
feuilles persistantes, produit des fruits très recherchés
pour la nourriture des animaux et même utilisés pour
l'alimentation de l'homme. Sa forme sauvage, peu pro-
ductive, est greffée, vers l'âge de 10 à 12 ans, afin d'en
obtenir des fruits abondants et de bonne qualité.

Le caroubier est fortement enraciné. Il redoute le
froid, mais résiste bien aux vents de mer. Il repousse de
souche. Sa croissance est assez rapide.

Son bois est utilisé pour le charronnage et la menuiserie, mais il présente en général peu de durée.

Il se reproduit assez facilement par semis naturel. La

---

(1) A. de Candolle. *Origine des plantes cultivées,* p. 270.

floraison a lieu en automne et la maturation un an plus tard environ, en août. Le jeune plant ne supporte pas le couvert.

Il y a lieu de le planter en lignes, comme arbre d'avenue, ou par pieds isolés irrégulièrement ou bien espacés de 10 mètres environ.

FRÊNE. — ORME. — NOYER. — HICKORY. — PEUPLIER. — Le frêne commun (fraxinus excelsior australis), et le frêne oxyphylle (fraxinus oxyphylla), sont dissiminés dans les terres argilo-sableuses ou argilo-calcaires, profondes et fraîches des trois zones de végétation. Le premier, qui atteint les plus fortes dimensions, forme, avec l'orme, quelques petits massifs dans les environs de Coléa. Il est disséminé dans les ravins de la Kabylie.

Sa croissance est très rapide. A l'âge de 70 ans, il peut atteindre un diamètre de 1ᵐ 10 à la base, avec une hauteur de 28 mètres.

La floraison a lieu en janvier et la maturation en octobre. La graine germe au printemps ; le jeune plant ne redoute pas la lumière.

Cette essence, qui fournit un bois de charronnage extrêmement recherché, doit être introduite, par voie de plantation et par pieds isolés, dans les plis de terrains, dans les ravins et dans le voisinage des cours d'eau.

L'orme champêtre (ulmus campestris), occupe à peu près les mêmes terres dans la première zone. La floraison a lieu en février et la maturation en juillet.

La germination se fait au printemps et le jeune plant ne craint pas la lumière. Cette essence drageonne abondamment. Son bois est très recherché pour le charronnage.

Le noyer (juglans regia), dont l'habitation actuelle s'étend de l'Europe tempérée au Japon [1], s'accommode des terrains rocailleux, mais frais et profonds, des deux premières zones. Il lui faut des climats où les gelées soient peu à redouter, mais où la chaleur soit modérée [2]. La floraison a lieu au printemps et la fructifica-

---

(1) A. de Candolle. *Origine des espèces cultivées,* p. 342.
(2)   Id.   p. 343.

tion en automne. Son bois est très estimé pour l'ébénisterie ; lorsqu'on le cultive pour ses fruits, il convient de le greffer avant la mise en place.

Le noyer noir (juglans nigra), originaire de l'Amérique du Nord, croît très rapidement. Son bois est plus apprécié que le précédent à cause de sa teinte noir-violet [1].

Le genre Carya, voisin du précédent, renferme plusieurs espèces très estimées pour leur bois. Le carya alba (hickory à écailles), croît le long des cours d'eau ; il peut atteindre $0^m 45$ à $0^m 50$ de diamètre et 24 mètres de hauteur [2]. Le carya tomentosa (hickory commun), atteint à peu près les mêmes dimensions que le précédent, mais peut croître dans les terrains arides [3].

Ces diverses essences doivent être semées en pépinière. La plantation peut avoir lieu à la fin de la première année, mais, comme il s'agit habituellement de pieds isolés, il paraît préférable de les mettre en place lorsqu'ils sont à l'état de plants de haute tige.

Le peuplier blanc (populus alba), exige, plus encore que les essences précédentes, un sol profond et humide. Il est très utile pour fixer les rives des oueds où on le multiplie au moyen de plançons.

PLATANE. — Le platane oriental (platanus orientalis), originaire de l'Asie méditerranéenne [4], est un arbre d'avenue bien connu, qui fournit un bois utilisé par la menuiserie et l'ébénisterie. Sa croissance est très rapide et il est facile de la multiplier, soit par boutures, soit par semis en pépinière.

Le platane occidental (platanus occidentalis), originaire de l'Amérique du Nord, produit un bois de même nature que celui de l'espèce précédente et se multiplie par les mêmes procédés. Le dernier exige un sol très frais, tandis que le premier peut végéter dans un sol moins frais, pourvu qu'il soit profond. Ces essences sont propres aux deux premières zones.

---

(1) Le Maout et Decaisne. *Traité général de botanique*, p. 524.
(2) *Bulletin de la direction de l'agriculture*, n° 5 de 1885, p. 477.
(3) *Bulletin de la direction de l'agriculture*, n° 5 de 1885, p. 478.
(4) Le Maout et Decaisne.. *Traité général de botanique*, p. 529.

CYPRÈS. — THUYA. — Le cyprès (cupressus semper-virens), est fréquemment cultivé dans la première zone où, sous la forme pyramidale, il constitue presqu'exclusivement les rideaux d'abri pour la culture des aurantiacées. La floraison a lieu au printemps, et la maturation à la fin de l'été de la deuxième année. La croissance est lente, son bois, employé surtout en menuiserie, est très durable. Il croît dans les terres sèches, mais profondes. On le multiplie par plantation de brins de 2 à 4 ans élevés en pépinière.

Le thuya articulata (callitris quadrivalvis), appartient à un genre voisin du précédent. Il est très répandu dans les terres rocailleuses des deux premières zones, surtout dans la partie occidentale de la province d'Alger. C'est un petit arbre, à croissance très lente, qui fournit un bois apprécié pour l'ébénisterie, la menuiserie et la petite charpente. Les souches surtout sont très recherchées.

On peut le multiplier par semis. La maturation a lieu en été, et la germination au commencement du printemps. Les jeunes plants ne redoutent pas la lumière. Le couvert extrêmement léger du thuya laisse le sol se dégrader, mais cette essence présente le très grand avantage de repousser de souche.

MICOCOULIER. — Le micocoulier (celtis australis), se rencontre dans les terres sèches et divisées des deux premières zones. La maturation a lieu en automne et la germination au printemps. Le jeune plant ne redoute pas la lumière.

Son couvert est assez épais. Il repousse bien de couche et résiste à la gelée. Son bois est très élastique.

PISTACHIER. — Les pistachiers sont disséminés dans les trois zones ; le lentisque, toutefois, redoute les gelées et ne se rencontre que dans la première. Ils repoussent bien de souche et sont très fortement enracinés, ce qui leur permet de résister aux vents violents.

Le pistachier de l'Atlas (pistacia atlantica), est un arbre d'une très grande longévité, qui supporte bien la sécheresse. Son couvert épais ombrage complètement le sol et son bois, brun-foncé, peut être employé en ébénisterie. La floraison a lieu au printemps et la maturation à l'automne de la même année.

FAUX POIVRIER. — Le faux poivrier (schinus molle) est originaire du Pérou. Il est cultivé, sur le littoral, comme arbre de jardin et d'avenue. Les fruits, d'une teinte rouge, passent l'hiver sur l'arbre. Au Télégraphe il est, ainsi que les essences suivantes, semé en terrine et repiqué en pot, puis en pépinière après la première année.

CASUARINA. — CEDRELA. — FRENELA. — GREVILLEA. — Les casuarinas peuvent être cultivés dans la première zone. Le casuarina equisetifolia est un petit arbre qui repousse bien de souche, résiste aux vents violents et croît sur les bords de la mer, même dans les sables mouvants fréquemment submergés [1]. Le casuarina tenuissima (forest-oak ou beef-wood de l'Australie) atteint une hauteur de 20 à 25 mètres et un diamètre de $0^m 60$ [2]. La maturation a lieu en hiver. Sa croissance est assez rapide, mais il redoute les vents de mer. Un des arbres de cette essence plantés à Baïhnen, âgé de 14 ans, mesure $0^m 70$ de circonférence et 8 mètres de hauteur. Son bois, en Australie, est débité en bardeaux et parfois employé en ébénisterie.

Le cedrela australis (red-cedar de l'Australie) est un bel arbre susceptible d'atteindre une hauteur de 45 mètres et un diamètre de 3 mètres. Son bois est le plus demandé et, probablement, le plus précieux de l'Australie. Il est utilisé pour toutes sortes d'emplois et il est très facile à travailler et très durable. Il est comparable au meilleur mahogany (acajou), auquel, d'ailleurs, il ressemble beaucoup [3]. Sa valeur vénale, à Sydney, est le double de celle du bois de l'eucalyptus globulus [4].

---

(1) H. Sebert. *Notice sur les bois de la Nouvelle-Calédonie*, p. 172.
(2) Ch. Moore. *On the Woods of New South Wales*, p. 29.
(3)   Id.
(4)   Id.   p. 12.
                                p. 30.

Le frenela verrucosa (cypress-pine de l'Australie) peut atteindre une hauteur de 25 mètres ; son bois est employé en ébénisterie et fournit des poteaux télégraphiques d'une longue durée[1].

Le grevillea robusta, fréquemment planté dans la partie inférieure de la première zone, est le silky-oak de l'Australie ; son bois, dans cette région, est très recherché pour la fente[2].

Ces diverses essences sont cultivées depuis trop peu de temps en Algérie pour qu'on puisse apprécier l'utilité de leur introduction.

DALBERGIA SISSOO[3]. — Les dalbergias produisent les bois d'ébénisterie les plus recherchés. Le Sissoo, qui ne paraît pas avoir été introduit jusqu'à ce jour en Algérie, peut atteindre 20 à 25 mètres de hauteur et 3 à 6 mètres de circonférence. Ses feuilles tombent en décembre. La floraison a lieu au printemps et la maturation à la fin de l'automne.

L'aubier, de teinte claire, est peu épais. Le bois parfait d'un grain serré, nuancé de veines plus sombres, est brun foncé, presque noir, dans les vieux arbres. C'est un excellent et superbe bois d'ébénisterie.

Le Sissoo se propage facilement par semis ; il croît rapidement et forme un long pivot. Il repousse de souche et peut se multiplier par boutures. Dans les plantations des plaines du Panjab, il résiste bien aux froids, qui sont assez intenses pour tuer les jeunes plants d'acacia arabica. Les terres qu'il préfère sont les terres légères, plus ou moins sableuses.

Cette essence, d'une grande valeur, semble pouvoir être cultivée avantageusement dans la première zone.

SAPIN PINSAPO. — Le Sapin pinsapo (abies pinsapo), spontané dans les Babors (Constantine), ne se rencontre pas dans la province d'Alger. C'est un bel arbre qu'il y

---

(1) Ch. Moore. *On the Woods of New South Wales*, p. 29.
(2)   Id.   p. 16.
(3) Brandis. *Forest Flora*, p. 140-150.

aurait lieu d'introduire dans la troisième zone. Son bois est analogue à celui du sapin [1].

ARBRES FRUITIERS. — Il est facile de cultiver en Algérie les pommiers, poiriers, cognassiers, pruniers et cerisiers, mais on doit se procurer ces arbres chez les pépiniéristes pour avoir de bonnes variétés. Il en est de même des diverses aurantiacées dont la culture est limitée aux terres parfaites irrigables de la partie inférieure de la première zone.

Le pêcher, qui paraît être originaire de Chine [2], est actuellement extrêmement répandu. La facilité avec laquelle il se reproduit de semis semble indiquer que l'espèce est peu altérée par une longue culture et par des fécondations croisées [3]. Le semis du pêcher donne, en effet, le plus souvent, des fruits de bonne qualité.

Il en est de même de l'abricotier qui semble être aussi originaire de la Chine [4].

L'amandier, qui provient de la région méditerranéenne orientale [5], est actuellement naturalisé dans toutes les parties chaudes et sèches de cette région [6].

Cet arbre peut être cultivé très avantageusement dans les terres calcaires de la première zone. Il est très facile de le multiplier par semis, mais, comme il ne se reproduit pas habituellement semblable à lui-même, on le greffe pour obtenir la variété que l'on désire cultiver.

---

(1) On peut ajouter à ces essences l'arganier du Maroc, bien connu par ses fruits dont la pulpe extérieure sert de nourriture au bétail (ruminants) et dont l'amande renferme de l'huile. Cet arbre pourrait être introduit dans les montagnes de la région Nord et peut-être dans le massif central de la région Sud.

(2) De Candolle. *Origine des espèces cultivées,* p. 176.
(3)   Id.   p. 181.
(4)   Id.   p. 174.
(5)   Id.   p. 175.
(6)   Id.   p. 174.

CHAPITRE XI

PLANTATIONS DANS LA RÉGION SUD [1].

La région sud de la province d'Alger, limitée à Laghouat, comprend, d'une façon générale, un massif montagneux central, orienté de l'Ouest à l'Est, séparant deux plans inclinés en pente douce, l'un au Nord, l'autre au Sud. Le massif central atteint l'altitude de 1575 mètres (Senalba occidental); l'altitude des plans inclinés, à leur point de départ, est de 633^m (Boghari) et 777^m (Laghouat).

Les observations météorologiques sont actuellement peu nombreuses [2] ; toutefois, on peut en déduire les valeurs probables suivantes pour divers éléments du climat des trois stations de Djelfa, Bou-Saâda et Laghouat [3].

| LOCALITÉS | PLUIE | ÉVAPORATION | TEMPÉRATURE MOYENNE | | | ALTITUDE |
			de l'année	du mois le plus chaud	du mois le plus froid	
	millim.	millim.				mètres
Djelfa.....	370	2.600	14° 5	27° »	5° »	1.167
Bou-Saâda.	220	2.800	19° 1	34° 5	8° 5	652
Laghouat..	205	2.700	18° 9	34° »	8° »	777

(1) Voir pour renseignements détaillés : Note sur la question du reboisement dans le territoire de commandement de la division d'Alger, rédigée par le bureau divisionnaire des affaires indigènes d'Alger. — Alger, 1885.

(2) *Statistique générale de l'Algérie* pour 1879-1881 et 1882-1884.

(3) En hiver, la température de l'air s'abaisse fréquemment au-dessous de zéro de l'échelle thermométrique.

Les montagnes du massif central sont souvent couvertes de forêts peuplées en pin d'Alep, chêne vert, grands genévriers et pistachiers de l'Atlas disséminés. Les travaux de boisement dans cette partie montagneuse ne doivent pas présenter plus de difficultés que dans les parties chaudes de la région Nord, près d'Orléansville, par exemple, mais il en est autrement s'il s'agit des terrains secs des plans inclinés.

Les essences à adopter, dans ce cas, sont en premier lieu celles de la région, pin d'Alep, chêne vert, pistachier de l'Atlas ; on peut y joindre celles qui proviennent des régions possédant un climat analogue.

Si l'on consulte des cartes de la distribution de la température de l'air, de la vapeur d'eau atmosphérique et de la direction des vents, en janvier et en juillet, on voit que ces éléments présentent à peu près la même valeur pour le Sindh (Nord), que pour la région Sud d'Alger. La latitude étant peu différente, l'intensité de la lumière et celle de la chaleur solaire, qui n'est pas indiquée complètement par la température de l'air, doivent être sensiblement les mêmes. En outre, le littoral voisin présente la même disposition ; sa direction est environ celle d'un parallèle. Enfin, la hauteur annuelle des pluies est très faible dans l'une et l'autre région.

On est donc conduit à rechercher quelle est la végétation ligneuse des collines des parties sèches du Sindh. Cette végétation est formée [1] par l'acacia arabica, l'acacia leucophlæa, les prosopis spicigera et Stephaniana, les salvadora persica et oleoides et le capparis aphylla. On peut donc essayer la culture de ces arbres et arbrisseaux, surtout celle de l'acacia leucophlæa [2] et du prosopis spicigera.

Le prosopis spicigera [3] est un arbre épineux de moyenne grandeur qui paraît exiger, pour végéter vigoureusement, une hauteur de pluie inférieure à 0^{m}75 ; il croît dans le Sindh avec moins de 0^{m}25 de pluie annuelle. La maturation de ses graines a lieu en août et il se multiplie facilement par semis ; le jeune plant ne

---

(1) Brandis. *Forest Flora*, p. 182-184.

(2) Voir p. 67. L'acacia leucophlæa est un arbre à épines.

(3) Brandis. *Forest Flora*, p 170.

redoute pas le froid. Il repousse bien de souche et peut atteindre 20 mètres de hauteur et 3 mètres de circonférence. Son bois semble comparable à celui du pistachier de l'Atlas. Plusieurs arbres, du même genre botanique, caractérisent la végétation des régions sèches du Chili, du Pérou, du Texas et du Mexique.

Aux essences qui précèdent on peut ajouter le philaria dressé (phillyrea stricta), petit arbre qui fournit un excellent bois de charronnage, résiste au froid et croît dans les parties sèches de la région Nord. Il repousse de souche et la maturation a lieu en septembre [1].

La plantation doit avoir lieu dès les premières pluies d'automne, dans un sol ameubli très profondément (à 0ᵐ 60) et disposé de manière à former autour de chaque plant un petit bassin où puissent se réunir les eaux pluviales. Il conviendrait d'essayer la plantation en roseaux pour le pin d'Alep, l'acacia leucophalea, le prosopis spicigera et même pour le pistachier de l'Atlas. On peut aussi essayer l'emploi de plants repiqués en pots et dépotés, sur place, au moment de l'exécution de la plantation [2].

Afin de protéger les jeunes plants contre les chaleurs de l'été, il serait utile de les ombrager au moyen de menus branchanges enfoncés dans le sol. Cette précaution pourrait permettre de restreindre l'arrosage ; dans tous les cas, il y a lieu d'arroser les plants immédiatement après la mise en place [3].

Enfin, pour fixer les terres sableuses, qui se rencontrent fréquemment dans la région Sud, on peut essayer la culture des agaves et des fourcroyas [4].

L'agave americana supporte « des sécheresses prolongées, une température s'abaissant fréquemment au-dessous de zéro, de la neige, de la grêle tombant par rafales et des vents impétueux [5]. » Par suite de leur constitution spéciale, les feuilles accumulent une grande

---

[1] L'acacia leucophlæa, le prosopis spicigera et le philaria dressé produisent un combustible d'excellente qualité.

[2] L'emploi d'engrais paraît plus utile que dans la région Nord.

[3] Les travaux d'entretien doivent consister en des binages profonds.

[4] Ch. Rivière. *Algérie agricole.* — Avril 1885.

[5] Boussingault. *Agronomie,* t. IV, p. 19-20.

quantité d'eau dans leur parenchyme, de sorte que la plante peut résister à la sécheresse de l'atmosphère, en vivant sur sa propre réserve. L'agave se reproduit facilement de semis, mais on a recours habituellement, pour le propager, à la multiplication par drageons. Cette plante, naturalisée dans la région de la mer Méditerranée, est probablement originaire du Mexique [1], d'où elle s'est répandue dans une grande partie du continent américain.

« Dans les plaines de sable que l'on traverse en al-
» lant du Chimborazo à Quito, les agaves, les cactus à
» cochenille, les aloès aux teintes bleuâtres impriment,
» par leur isolement et leur uniformité, un aspect sin-
» gulièrement monotone à ces solitudes. La vue ne se
» repose plus sur ces plantes sociales si communes en-
» tre les tropiques, groupées en familles aussi nombreu-
» ses que variées, constituant ce monde végétal qui,
» suivant l'expression de Humboldt, agit si puissam-
» ment sur notre imagination par son immobilité et sa
» grandeur [2]. »

(1) A. de Candolle. *Origine des espèces cultivées,* p. 122
(2) Boussingault. *Agronomie,* t. IV, p. 20.

TABLE DES MATIÈRES

CHAPITRE I

PRINCIPAUX PHÉNOMÈNES DE LA VÉGÉTATION.

CHAPITRE II

CLIMATS.

CHAPITRE III

SOLS.

CHAPITRE IV

CHAPITRE V

CHAPITRE VI

PROPAGATION DES VÉGÉTAUX PAR SEMIS ET PLANTATION.

CHAPITRE VII

CHAPITRE VIII

CHAPITRE IX

CHAPITRE X

RENSEIGNEMENTS SUR QUELQUES ARBRES FORESTIERS ET FRUITIERS.

CHAPITRE XI

www.ingramcontent.com/pod-product-compliance
Lightning Source LLC
Chambersburg PA
CBHW061245060726
47596CB00002B/447